预拌混凝土管理技术

刘利军　著

黄河水利出版社
·郑州·

内 容 提 要

本书共分为六章,从预拌混凝十的原材料、配合比、生产、运输、施工、管理等阶段分析了预拌混凝土质量形成过程中常见的问题及产生的原因和预防措施。本书内容丰富,涉及面广,理论与实际紧密结合,为预拌混凝土行业从业人员提供了大量的信息和经验,以尽可能地避免更多质量问题的出现。

本书可供预拌混凝土行业,建设工程建设单位、监理单位、施工单位及工程质量监督行业等从业人员阅读参考。

图书在版编目(CIP)数据

预拌混凝土管理技术/刘利军著. —郑州:黄河水利出版社,2014.8

ISBN 978 - 7 - 5509 - 0893 - 2

Ⅰ.①预… Ⅱ.①刘… Ⅲ.①预搅拌混凝土 - 质量管理 Ⅳ.①TU528.52

中国版本图书馆 CIP 数据核字(2014)第 198202 号

组稿编辑:王路平 电话:0371 - 66022212 E-mail:hhslwlp@ 126. com

出 版 社:黄河水利出版社
　　　　　地址:河南省郑州市顺河路黄委会综合楼 14 层 邮政编码:450003
发行单位:黄河水利出版社
　　　　　发行部电话:0371 - 66026940、66020550、66028024、66022620(传真)
　　　　　E-mail:hhslcbs@ 126. com
承印单位:河南地质彩色印刷厂
开本:890 mm × 1 240 mm 1/32
印张:3.375
字数:100 千字　　　　　　　　　　　印数:1—1 000
版次:2014 年 8 月第 1 版　　　　　　印次:2014 年 8 月第 1 次印刷

定价:15.00 元

前　言

　　随着建筑市场对预拌混凝土需求的不断增加，我国预拌混凝土行业得到了飞速发展，特别是近 10 年来，我国预拌混凝土企业数量和年生产量都呈两位数增长。预拌混凝土行业的发展，提升了建筑业工业化的水平，提高了混凝土的质量与性能，加强了混凝土行业的管理水平。但是，在进步的同时，也带来了许多的问题。如市场准入门槛低，突出表现在不少企业规模小、数量多、缺乏技术革新能力。有的企业连必须配备的试验设备和技术人员都没有，只要能生产出混凝土就开始生产。部分地区混凝土行业缺乏规划和合理布局，缺乏产业政策的调控和引领，缺乏严格的产品出厂和质量把关，缺乏测试、检测的手段，缺乏监管、监控，加上不少预拌混凝土生产和施工人员缺乏技术培训，责任心不强，人员素质差，因此在全国各地频繁出现混凝土质量与施工事故。这些对预拌混凝土行业的可持续发展造成了不利影响，给预拌混凝土企业的管理人员和技术人员带来了很大的挑战，引起了行业内外的高度关注。

　　为此，作者结合多年的工作经验，与预拌混凝土行业的相关专家、学者、从业技术人员共同合作编写了《预拌混凝土管理技术》一书，供同行借鉴。

　　本书分为预拌混凝土的基本知识，预拌混凝土组成材料，预拌混凝土常见的问题、原因及防治措施，预拌混凝土企业试验室管理要点，预拌混凝土质量问题的维权和预拌混凝土行业发展现状分析六章，从原材料、配合比、生产、运输、施工、管理等阶段分析了预拌混凝土质量形成过程中常见的问题及产生的原因和预防措施。本书内容丰富，涉及面广，理论与实际紧密结合，为预拌混凝土行业从业人员提供了大量的信息和经验，以尽可能地避免更多质量问题的出现。

　　本书在编写过程中，得到了河南金峰混凝土工程有限责任公司秦学政总经理及河南省建筑科学研究院张彩霞教授级高工的大力支持，在此表示感谢！

由于时间仓促，编者水平有限，书中难免有错误和不当之处，敬请读者予以指正。

编 者

2014 年 5 月

目 录

第一章　预拌混凝土的基本知识

第一节　预拌混凝土的定义、材料组成与特点

一、预拌混凝土的定义

所谓混凝土,是指胶结料(如水泥)、水、细骨料(如砂子)、粗骨料(如石子)以及必要时掺入的化学外加剂与矿物掺合料,按一定比例配合,通过搅拌成为塑性状态的拌和物,此时的拌和物一般称作未凝固混凝土。未凝固混凝土在一定条件下,随着时间的推移逐渐硬化成具有强度和其他性能的一种人造石材(简写为砼,砼是混凝土旧称),则称作硬化混凝土。

由水泥、骨料、水,以及根据需要掺入的外加剂、矿物掺合料等组分按一定比例,在搅拌站经计量、拌制后,采用运输车在规定时间内运至使用地点的混凝土拌和物称为预拌混凝土。

二、预拌混凝土的材料组成

由于当今混凝土的含义是颇为广泛的,可以说,凡使用胶结材料同骨料相互结合而制成的复合体,都可称为混凝土。若以这种广义的混凝土作为对象,那么所使用的胶结材料、骨料及外加剂、混合材都是多种多样的。

胶结材料可分为无机物和有机物两大类。骨料可分为无机骨料和有机骨料两类。预拌混凝土无论由何种胶结材料和骨料组成,在制备过程中大体可分为两种状态:一种是未凝固和硬化过程中的状态;另一种是硬化后的状态。前者根据成型的条件要求具备某些特殊性能;后者对应于硬化后的条件也要求具备各种各样的性能。根据相关要求,

可以使用减水剂、泵送剂等特定性能的外加剂或粉煤灰、矿粉等混合材来单独改善前者的性能,也可同时改善两者的性能。

根据所要求的未凝固状态和硬化后的条件,混凝土的各项组成——胶结材料、水、细骨料、粗骨料和外加剂、混合材的组成比例是不相同的。有的由和易性等决定,有的受强度、表观密度等支配。

普通水泥混凝土的组成,即原材料所占绝对体积的比例,从宏观看大体是:水占 16% ~ 22% ;水泥占 9% ~ 15% ;砂子占 20% ~ 30% ;石子占 35% ~ 48% ;空气占 1% ~ 3% 。由此可看出:由粗细骨料组成的惰性矿物填充材料约占 70% ,水泥净浆组成的胶结材料约占 30% 。

三、预拌混凝土的特点

(一)环保

由于预拌混凝土搅拌站设置在城市边缘地区,相对于施工现场搅拌的传统工艺,减少了粉尘、噪声、污水等污染,改善了市民工作和居住环境。随着预拌混凝土行业的发展和壮大,在工业废渣和废弃物处理处置及综合利用方面将发挥更大的作用,减少环境恶化。

(二)属于"半成品"

预拌混凝土是一种特殊的建筑材料,交货时是塑性、流态状的半成品。在所有权转移后,还需要使用方继续尽一定的质量义务,才能达到最终的设计要求。因此,它的最终质量是供需双方共同努力的结果。

(三)质量稳定

由于预拌混凝土搅拌站是一个专业性的混凝土生产企业,管理模式基本定型且比较单一,设备配置先进,不仅产量大,生产周期短,而且计量较精确,搅拌较均匀,赋予其生产工艺相对简洁、稳定。此外,生产人员有较丰富的经验,而且提供全天候服务,预拌混凝土质量相对于施工现场搅拌的混凝土更稳定可靠,提高了工程质量。

(四)利于技术进步

随着 21 世纪混凝土工程的大型化、多功能化、施工与应用环境的复杂化、应用领域的扩大化以及资源与应用环境的优化,人们对传统的混凝土材料提出了更高的要求。由于施工现场搅拌一般都是一些临时性设施,条件较差,原材料质量难以控制,制备混凝土的搅拌机小且计量精度不高,缺少严格的质量保证体系,因此质量很难满足现代混凝土具有高性能和多功能的需要。而预拌混凝土的集中、规模大、便于管理,能够实现建设工程结构设计的各种要求,有利于新技术、新材料的推广应用,特别有利于散装水泥、混凝土外加剂和掺合料的推广应用。这是保证混凝土具有高性能化和多功能化的必要条件,同时节约资源和能源。

(五)提高功效

预拌混凝土大规模的商品化生产和灌装运送,并采用泵送工艺浇筑,不仅提高了生产效率,施工效率也得到了很大的提高,能使建筑物提前发挥效益。

(六)利于文明施工

应用预拌混凝土后,减少了施工现场建筑材料的运输和堆放,明显改变了施工现场脏、乱、差等现象。当施工现场较为狭窄时,这一作用更显示出其优越性,施工的文明程度得到了根本性的提高。

第二节　预拌混凝土的分类、性能等级与标记

一、混凝土的分类

当前混凝土的品种日益增多,它们的性能和应用也各不相同。使用各种胶结材料和骨料,可制得不同种类的混凝土。混凝土可根据各种特点加以分类,如胶结材料种类、骨料种类、表观密度、水泥用量、和易性、施工方法(搅拌、运输、浇灌、成型)、施工场地和季节以及用途等。

(1)根据胶结材料分类。根据胶结材料分类的混凝土,通常在混凝土前面冠以主要胶结材料的名称。由无机胶结材料组成的混凝土有水泥混凝土、石灰 - 硅质胶结材料混凝土(硅酸盐混凝土)、石膏混凝土、镁质水泥混凝土、硫黄混凝土等;由有机胶结材料组成的混凝土有沥青混凝土、聚合物水泥混凝土、树脂混凝土、聚合物浸渍混凝土等。

（2）根据骨料分类。如：碎石混凝土、卵石混凝土、细粒混凝土（仅由细骨料和胶结材料制成）、大孔混凝土（仅由粗骨料和胶结材料制成）、多孔混凝土（混凝土中既无粗骨料，也无细骨料）等。

（3）根据表观密度分类。如重混凝土（干表观密度大于 2 800 kg/m³）、普通混凝土（干表观密度为 2 000～2 800 kg/m³）、轻骨料混凝土（干表观密度不大于 1 950 kg/m³）。轻骨料混凝土中采用普通砂作细骨料时，称为砂轻混凝土；采用轻细骨料时，称为全轻混凝土。

（4）根据强度分类。如：普通混凝土（强度等级低于 C60 的混凝土）、高强混凝土（强度等级不低于 C60 的混凝土）。

（5）根据水泥用量分类。如：贫水泥混凝土（大体积内部 ≤170 kg/m³）、富水泥混凝土（大体积外部 ≥230 kg/m³）。

（6）根据和易性分类。如：干硬性混凝土（拌和物坍落度小于 10 mm 且须用维勃稠度表示其稠度的混凝土）、塑性混凝土（拌和物坍落度为 10～90 mm 的混凝土）、流动性混凝土（拌和物坍落度为 100～150 mm 的混凝土）、大流动性混凝土（拌和物坍落度不低于 160 mm 的混凝土）。

（7）根据施工方法分类。如：泵送混凝土、喷射混凝土等。

（8）根据施工场地和季节分类。如：水下混凝土、海洋混凝土、冬季施工混凝土、夏季施工混凝土等。

（9）根据用途分类。如：结构用混凝土、放射线混凝土、大坝混凝土、道路混凝土、隧道混凝土、耐蚀混凝土、耐热混凝土、耐火混凝土等。

预拌混凝土分为常规品和特制品。常规品应为除特制品外的普通混凝土，代号为 A，混凝土强度等级代号为 C。特制品代号为 B，包括的混凝土种类及其代号应符合表 1-1 的规定。

表 1-1　特制品混凝土种类及其代号

混凝土种类	高强混凝土	自密实混凝土	纤维混凝土	轻骨料混凝土	重混凝土
种类代号	H	S	F	L	W
强度等级代号	C	C	C（合成纤维混凝土） CF（钢纤维混凝土）	LC	C

注：自密实混凝土——无需振捣，能够在自重作用下流动密实的混凝土。

　　纤维混凝土——掺加钢纤维或合成纤维作为增强材料的混凝土。

二、预拌混凝土的性能等级

（1）预拌混凝土强度等级划分为 C10、C15、C20、C25、C30、C35、C40、C45、C50、C55、C60、C65、C70、C75、C80、C85、C90、C95 和 C100。

（2）预拌混凝土拌和物坍落度和扩展度的等级划分分别如表1-2和表1-3 所示。

表1-2　预拌混凝土拌和物坍落度的等级划分

等级	坍落度（mm）	等级	坍落度（mm）
S1	10～40	S4	160～210
S2	50～90	S5	≥220
S3	100～150		

表1-3　预拌混凝土拌和物扩展度的等级划分

等级	扩展直径（mm）	等级	扩展直径（mm）
F1	≤340	F4	490～550
F2	350～410	F5	560～620
F3	420～480	F6	≥630

（3）预拌混凝土耐久性能的等级划分如表1-4～表1-7 所示。

表1-4　预拌混凝土抗冻性能、抗水渗透性能和抗硫酸盐侵蚀性能的等级划分

抗冻等级（快冻法）	抗冻等级（慢冻法）	抗渗等级	抗硫酸盐等级
F50	F250	D50	P4	KS30
F100	F300	D100	P6	KS60
F150	F350	D150	P8	KS90
F200	F400	D200	P10	KS120
＞F400		＞D200	P12	KS150
			＞P12	＞KS150

表 1-5　　预拌混凝土抗氯离子渗透性能(84 d)的等级划分(RCM 法)

等级	RCM - I	RCM - II	RCM - III	RCM - IV	RCM - V
氯离子迁移系数 D_{RCM} ($\times 10^{-12}$ m²/s)	≥4.5	≥3.5, <4.5	≥2.5, <3.5	≥1.5, <2.5	<1.5

表 1-6　　预拌混凝土抗氯离子渗透性能的等级划分(电通量法)

等级	Q - I	Q - II	Q - III	Q - IV	Q - V
电通量 Q_s(C)	≥4 000	≥2 000, <4 000	≥1 000, <2 000	≥500, <1 000	<500

表 1-7　　预拌混凝土抗碳化性能的等级划分

等级	T - I	T - II	T - III	T - IV	T - V
碳化深度 d(mm)	≥30	≥20, <30	≥10, <20	≥0.1, <10	<0.1

三、预拌混凝土的标记

(一)预拌混凝土的标记顺序

(1)常规品或特制品的代号,常规品可不标记。

(2)特制品混凝土种类的代号,兼有多种类情况可同时标记。

(3)强度等级。

(4)坍落度控制目标值,后附坍落度等级代号在括号中;自密实混凝土应采用扩展度控制目标值,后附扩展度等级代号在括号中。

(5)耐久性能等级代号,对于抗氯离子渗透性能和抗碳化性能,后附设计值在括号中。

(6)执行标准号。

(二)标记示例

示例 1:采用通用硅酸盐水泥、河砂(也可是人工砂或海砂)、石、矿物掺合料、外加剂和水配制的普通混凝土,强度等级为 C50,坍落度为 180 mm,抗冻等级为 F250,抗氯离子渗透性能电通量 Q_s 为 1 000 C,其标记为

A – C50 – 180(S4) – F250 Q – Ⅲ(1000) – GB/T 14902

示例2:采用通用硅酸盐水泥、河砂(也可是陶砂)、陶粒、矿物掺合料、外加剂、合成纤维和水配制的轻骨料纤维混凝土,强度等级为LC40,坍落度为210 mm,抗渗等级为P8,抗冻等级为F150,其标记为

B LF – LC40 – 210(S4) – P8F150 – GB/T 14902

第三节　预拌混凝土的性能

一、混凝土拌和物及其性质

混凝土各组成材料按一定比例,经搅拌均匀后,尚未凝结硬化的材料称为混凝土拌和物,又称为混凝土混合物或新拌混凝土。

混凝土拌和物的各项性质将直接影响硬化混凝土的质量。

混凝土拌和物的主要性质为和易性。和易性是指混凝土拌和物的施工操作难易程度和抵抗离析作用程度的性质。混凝土拌和物应具有良好的和易性。和易性是一个综合性的技术指标,它包括流动性、黏聚性、保水性等三个主要方面。

(一)流动性(稠度)

流动性(稠度)指混凝土拌和物在本身自重或施工机械振捣作用下,能产生流动并均匀密实地填满模板中各个角落的性能。流动性好,操作方便,易于捣实、成型。

(二)黏聚性

黏聚性指混凝土拌和物在施工过程中相互间有一定黏聚力,不分层,能保持整体均匀的性能。在外力作用下,混凝土拌和物各组成材料的沉降各不相同,如果配合比例不当,黏聚性差,则施工中易发生分层(即混凝土拌和物各组分出现层状分离现象)、离析(即混凝土拌和物内某些组分分离、析出现象)、泌水等情况,致使混凝土硬化后产生"蜂窝""麻面"等缺陷,影响混凝土强度和耐久性。

(三)保水性

保水性指混凝土拌和物保持水分不易析出的能力。保水性差的混

凝土拌和物,在运输与浇捣中和在凝结硬化前很容易泌水(又称析水,从水泥浆中泌出部分拌和水的现象),并聚集到混凝土表面,引起表面疏松,或积聚在骨料或钢筋的下表面形成孔隙,从而削弱了骨料或钢筋与水泥石的黏结力,影响混凝土的质量。

二、混凝土硬化后的性质

混凝土硬化后的主要性质为强度和耐久性。

(一)混凝土的强度

强度是混凝土在外部荷载作用下抵抗破坏的能力。混凝土强度有立方体抗压强度、抗拉强度及抗折强度等。

1. 混凝土的立方体抗压强度

混凝土的立方体抗压强度是评定混凝土质量的主要指标。

(1)混凝土的强度等级是按立方体抗压强度标准值来划分的,混凝土的强度等级采用符号"C"与立方体抗压强度标准值(以 N/mm² 为单位)来表示。常用的强度等级有 C10、C15、C20、C25、C30、C35、C40、C45、C50、C55、C60 等。

(2)混凝土立方体抗压强度标准值是按标准方法制作和养护的、边长为 150 mm 的立方体试块,在规定龄期(28 d),用标准试验方法测得的抗压强度总体分布中的一个值,强度低于该值的百分率不超过 5%,用 $f_{cu,k}$ 表示,其计量单位用 N/mm² 表示。

2. 混凝土的抗拉强度

混凝土的抗拉强度值只有抗压强度的 1/18 ~ 1/9。因此,设计中一般是不考虑混凝土承受拉力的,但混凝土抗拉强度对混凝土的抗裂性却起着重要作用。为此对某些工程(如路面板、水槽、拱坝等工程项目),在提出抗压强度的同时,还必须提出抗拉强度的要求,以满足抗裂性要求。

测定混凝土抗拉强度的试验方法有两种:轴心拉伸法和劈裂法。轴心拉伸试验难度大,故一般都用劈裂法试验来间接地取得其轴拉强度。

3. 混凝土的抗折强度

混凝土的抗折强度是指混凝土抗弯曲强度,其值只有抗压强度的1/12～1/8。抗折强度在路面水泥混凝土工程中有明确的设计要求,其他土木建筑工程一般很少有抗折强度的设计要求。

(二)混凝土的耐久性

混凝土的耐久性是指混凝土在实际使用条件下抵抗各种破坏因素作用,长期保持强度和外观完整性的能力。主要包括抗冻性、抗渗性、抗腐(侵)蚀性、抗碳化性、碱－骨料反应及抗风化性能等。

1. 抗冻性

混凝土试件成型,经过标准养护或同条件养护后,在规定的冻融循环制度下保持强度和外观完整性的能力,称为混凝土的抗冻性。

冻融循环作用是造成混凝土破坏的主要因素之一,因此抗冻性是评定混凝土耐久性的重要指标。

由于试验方法不同,其抗冻性指标可用抗冻等级或耐久性系数等表示。抗冻等级是按标准方法将试件进行冻融循环,以同时满足强度损失不超过25%、质量损失不超过5%时所能承受的最大冻融循环次数来确定,抗冻等级可分为F25、F50、F100、F150等。

混凝土的密实度和孔隙特征是决定抗冻性的重要因素。提高混凝土抗冻性可采用加气混凝土或密实混凝土及选择适宜的水灰比等方式。

2. 抗渗性

混凝土抵抗压力水渗透的性能,称为混凝土的抗渗性。

我国一般多采用抗渗等级来表示混凝土的抗渗性。混凝土抗渗等级是根据28 d龄期的标准试件,采用标准试验方法,以每六个试件中四个未出现渗水的最大水压表示,抗渗等级分为P6、P8、P10、P12。

混凝土中水胶比对抗渗起决定作用,增大水胶比时,混凝土密实度降低,其抗渗性变坏。抗渗性的好坏直接影响混凝土的耐久性。

混凝土渗水的主要原因是:混凝土中多余水分蒸发留下的孔道;混凝土拌和物由于泌水,在粗骨料颗粒与钢筋下缘形成的水膜或由于泌水留下的通道,在压力水作用下就形成连通渗水管道。另外,施工处理不好,捣固不密实都易形成渗水孔道和缝隙。对于钢筋混凝土,若水浸入,因冰冻等作用,还会引起钢筋的锈蚀和使保护层开裂、剥落。

提高混凝土抗渗性的根本措施是增强混凝土的密实度。

3. 抗腐(侵)蚀性

若混凝土不密实,外界侵蚀性介质就会通过内部的孔隙或毛细管通路,侵到硬化水泥浆内部进行化学反应,引起混凝土的腐蚀破坏。

混凝土的抗腐(侵)蚀性与混凝土的密实度、孔隙特征和水泥品种等有关。

4. 抗碳化性

抗碳化性是混凝土的一项重要的长期性能,其直接影响混凝土对钢筋的保护作用。

混凝土硬化后,由于水泥水化生成氢氧化钙,故呈碱性。碱性物质使钢筋表面生成难溶的 Fe_2O_3 和 Fe_3O_4,称之为钝化膜,对钢筋有良好的保护作用。

当空气中的二氧化碳气体渗透到混凝土内,与其碱性物质起化学反应后生成碳酸盐和水,使混凝土碱度降低的过程称为混凝土碳化,又称中性化。

由于碳化使混凝土的碱度降低,当碳化深度超过混凝土保护层时,在有水和空气存在的条件下,会使混凝土失去对钢筋的保护作用,钢筋开始生锈,这就会引起体积膨胀使混凝土保护层遭受破坏,从而发生沿钢筋界面出现裂缝以及混凝土保护层剥落等现象,这又会进一步腐蚀钢筋。另外,碳化还将显著地增加混凝土的收缩,使混凝土抗拉、抗折强度降低。

处于水中的混凝土,水阻止了二氧化碳与混凝土接触,所以混凝土不会被碳化(水中溶有二氧化碳除外);混凝土处于特别干燥的条件下,由于缺乏二氧化碳与氢氧化钙反应所需要的水分,故碳化也不能进行。

5. 碱 – 骨料反应

碱活性骨料是指能与水泥中碱发生化学反应,引起混凝土膨胀、开裂、甚至破坏的骨料,这种化学反应称为碱 – 骨料反应。这种反应有以下三种类型：

（1）碱－氧化硅反应：碱与骨料中活性 SiO_2 发生反应，生成碱性硅酸盐凝胶，吸水膨胀，引起混凝土膨胀、开裂。活性骨料有蛋白石、玉髓、鳞石英、玛瑙、安山岩、凝灰岩等。

（2）碱－硅酸盐反应：碱与某些层状硅酸盐骨料（如千枚岩、粉砂岩和含蛭石的黏土岩等加工成的骨料）反应，产生膨胀物质。其作用比碱－氧化硅反应来得缓慢，但其后果更为严重，造成混凝土严重膨胀、开裂。

（3）碱－碳酸盐反应：水泥中的碱（ Na_2O、K_2O ）与白云岩或白云岩质石灰石加工成的骨料作用，生成膨胀物质而使混凝土开裂破坏。

上述三种反应均须具备以下三个条件：一是水泥中含碱量必须高（大于 0.6% ）；二是骨料中含有一定的活性成分；三是应有水存在。

其预防措施有：

（1）当水泥中碱含量大于 0.6% 时，需对骨料进行碱－骨料反应试验；当骨料中活性成分含量高，可能引起碱－骨料反应时，应根据混凝土结构或构件的使用条件，进行专门试验，以确定是否可用。

（2）如必须采用的骨料是碱活性的，就必须选用低碱水泥（当量 $Na_2O < 0.6\%$ ），并限制混凝土总碱量不超过 2.0～3.0 kg/m³。

（3）如无低碱水泥，则应掺入足够的活性混合材料，如粉煤灰不小于 30%，矿渣不小于 30% 或硅灰不小于 7%，以缓解破坏作用。

（4）碱－骨料反应的必要条件是水分。混凝土构件长期在潮湿环境中（即在有水的条件下）会助长发生碱－骨料反应，而干燥状态下则不会发生反应，所以混凝土渗透性对碱－骨料反应有很大的影响，应保证混凝土密实性和重视建筑物排水，避免混凝土表面积水和接缝存水。

第二章　预拌混凝土组成材料

第一节　通用硅酸盐水泥

一、概述

水泥是建材工业中一种重要的建筑材料,是现代建筑的主要材料之一,用途极为广泛,它能将砖、石子、砂和钢筋等材料黏结在一起,成为一个坚硬的整体,达到较高的机械强度。水泥以及具有上述特点的其他材料如石灰、黏土等,在建筑上都称为胶凝材料。石灰、黏土等加水后成为具有一定稠度的黏浆,在空气中经一段时间逐渐变硬,并能承受一定的外力,即具有一定的强度。但是,将它们放在水中泡一些时间,强度就消失了,并变得松软,这样一类材料称为气硬性胶凝材料;水泥加水后不但能在空气中变硬,而且还会在潮湿的空气及水中继续增大强度,这一类材料称为水硬性胶凝材料。

水泥是以石灰质、黏土质物料为主要原料,以铁质或砂质物料等为辅助原料,按比例配制成适当成分的、经高温煅烧至部分熔融、冷却后成为粒状或块状物料,即熟料;再加入适量的外加剂如石膏等,或根据国家标准和规范的规定加入不同数量的各种混合材料磨成细粉而制成。

水泥品种繁多,常见的有硅酸盐水泥、铝酸盐水泥和硫铝酸盐水泥三大系列,其中以硅酸盐水泥系列六大品种最为常见。

(一)术语和定义

通用硅酸盐水泥是以硅酸盐水泥熟料和适量的石膏及规定的混合材料制成的水硬性胶凝材料。

（二）分类

《通用硅酸盐水泥》（GB 175—2007）标准规定的通用硅酸盐水泥按混合材料的品种和掺量分为硅酸盐水泥、普通硅酸盐水泥、矿渣硅酸盐水泥、火山灰质硅酸盐水泥、粉煤灰硅酸盐水泥和复合硅酸盐水泥。各品种的组分和代号应符合表2-1的规定。

表2-1 通用硅酸盐水泥的组分和代号

品种	代号	组分（质量分数）				
		熟料＋石膏	粒化高炉矿渣	火山灰质混合材料	粉煤灰	石灰石
硅酸盐水泥	P.Ⅰ	100%	—	—	—	—
	P.Ⅱ	≥95%	≤5%	—	—	—
普通硅酸盐水泥	P.O	≥80%且<95%	>5%且≤20%			
矿渣硅酸盐水泥	P.S.A	≥50%且<80%	>20%且≤50%	—	—	—
	P.S.B	≥30%且<50%	>50%且≤70%	—	—	—
火山灰质硅酸盐水泥	P.P	≥60%且<80%	—	>20%且≤40%	—	—
粉煤灰硅酸盐水泥	P.F	≥60%且<80%	—	—	>20%且≤40%	—
复合硅酸盐水泥	P.C	≥50%且<80%	>20%且≤50%			

（三）强度等级

硅酸盐水泥的强度等级分为 42.5、42.5R、52.5、52.5R、62.5、62.5R 六个等级。

普通硅酸盐水泥的强度等级分为 42.5、42.5R、52.5、52.5R 四个等级。

矿渣硅酸盐水泥、火山灰质硅酸盐水泥、粉煤灰硅酸盐水泥、复合硅酸盐水泥的强度等级分为 32.5、32.5R、42.5、42.5R、52.5、52.5R 六个等级。

二、取样方法

(一)编号

1. 水泥出厂前

水泥出厂前按同品种、同强度等级编号及取样。袋装水泥和散装水泥分别进行编号和取样。每一编号为一取样单位。水泥出厂编号按年生产能力规定为:

(1)200×10^4 t 以上,不超过 4 000 t 为一编号;

(2)$120 \times 10^4 \sim 200 \times 10^4$ t 以上,不超过 2 400 t 为一编号;

(3)$60 \times 10^4 \sim 120 \times 10^4$ t 以上,不超过 1 000 t 为一编号;

(4)$30 \times 10^4 \sim 60 \times 10^4$ t 以上,不超过 600 t 为一编号;

(5)$10 \times 10^4 \sim 30 \times 10^4$ t 以上,不超过 400 t 为一编号;

(6)10×10^4 t 以下,不超过 200 t 为一编号。

2. 工程现场

水泥进场时应对其品种、级别、包装或散装仓号、出厂日期等进行检查,并应对其强度、安定性及其他必要的性能指标进行复验,其质量必须符合现行国家标准的规定。

当在使用中对水泥质量有怀疑或水泥出厂超过三个月(快硬硅酸盐水泥超过一个月)时,应进行复验,并按复验结果使用。

钢筋混凝土结构、预应力混凝土结构中,严禁使用含氯化物的水泥。

检查数量:按同一生产厂家、同一等级、同一品种、同一批号且连续进场的水泥,袋装不超过 200 t 为一批,散装不超过 500 t 为一批,每批抽样不少于一次。

(二)取样

取样方法按《水泥取样方法》(GB/T 12573—2008)进行。取样应有代表性,可连续取,亦可从 20 个以上不同部位取等量样品,总量至少12 kg。检验项目包括需要对产品进行考核的全部技术要求。

三、结果判定及处理

(一)技术要求

1. 化学指标

通用硅酸盐水泥化学指标应符合表2-2的规定。

表2-2　通用硅酸盐水泥化学指标

品种	代号	不溶物(质量分数)	烧失量(质量分数)	三氧化硫(质量分数)	氧化镁(质量分数)	氯离子(质量分数)
硅酸盐水泥	P. Ⅰ	≤0.75%	≤3.0%	≤3.5%	≤5.0%ᵃ	≤0.06%ᶜ
	P. Ⅱ	≤1.50%	≤3.5%			
普通硅酸盐水泥	P. O	—	≤5.0%			
矿渣硅酸盐水泥	P. S. A	—	—	≤4.0%	≤6.0%ᵇ	
	P. S. B	—	—			
火山灰质硅酸盐水泥	P. P	—	—	≤3.5%	≤6.0%ᵇ	
粉煤灰硅酸盐水泥	P. F					
复合硅酸盐水泥	P. C					

注:a. 如果水泥压蒸试验合格,则水泥中氧化镁的含量(质量分数)允许放宽至6.0%。

　　b. 如果水泥中氧化镁的含量(质量分数)大于6.0%,需进行水泥压蒸安定性试验并合格。

　　c. 当有更低要求时,该指标由买卖双方确定。

2. 碱含量(选择性指标)

水泥中碱含量用 $Na_2O + 0.658K_2O$ 计算值表示。当使用活性骨料,用户要求提供低碱水泥时,水泥中的碱含量应不大于0.60%或由买卖双方协商确定。

3. 物理指标

(1)凝结时间。硅酸盐水泥初凝时间不小于45 min,终凝时间不大于390 min。普通硅酸盐水泥、矿渣硅酸盐水泥、火山灰质硅酸盐水泥、粉煤灰硅酸盐水泥和复合硅酸盐水泥初凝时间不小于45 min,终凝时间不大于600 min。

(2)安定性。沸煮法合格。

（3）强度。不同品种、不同强度等级的通用硅酸盐水泥，其不同龄期的强度应符合表 2-3 的规定。

表 2-3　通用硅酸盐水泥不同龄期的强度　　（单位：MPa）

品种	强度等级	抗压强度		抗折强度	
		3 d	28 d	3 d	28 d
硅酸盐水泥	42.5	≥17.0	≥42.5	≥3.5	≥6.5
	42.5R	≥22.0		≥4.0	
	52.5	≥23.0	≥52.5	≥4.0	≥7.0
	52.5R	≥27.0		≥5.0	
	62.5	≥28.0	≥62.5	≥5.0	≥8.0
	62.5R	≥32.0		≥5.5	
普通硅酸盐水泥	42.5	≥17.0	≥42.5	≥3.5	≥6.5
	42.5R	≥22.0		≥4.0	
	52.5	≥23.0	≥52.5	≥4.0	≥7.0
	52.5R	≥27.0		≥5.0	
矿渣硅酸盐水泥 火山灰质硅酸盐水泥 粉煤灰硅酸盐水泥 复合硅酸盐水泥	32.5	≥10.0	≥32.5	≥2.5	≥5.5
	32.5R	≥15.0		≥3.5	
	42.5	≥15.0	≥42.5	≥3.5	≥6.5
	42.5R	≥19.0		≥4.0	
	52.5	≥21.0	≥52.5	≥4.0	≥7.0
	52.5R	≥23.0		≥4.5	

（4）细度（选择性指标）。硅酸盐水泥和普通硅酸盐水泥的细度以比表面积表示，其比表面积不小于 300 m²/kg；矿渣硅酸盐水泥、火山灰质硅酸盐水泥、粉煤灰硅酸盐水泥和复合硅酸盐水泥的细度以筛余表示，其 80 μm 方孔筛筛余不大于 10% 或 45 μm 方孔筛筛余不大于 30%。

（二）判定规则

化学指标、凝结时间、安定性、强度的检验结果均符合《通用硅酸盐水泥》（GB 175—2007）标准规定指标要求时，该水泥为合格品；反之，化学指标、凝结时间、安定性、强度中的任何一项不符合《通用硅酸盐水泥》（GB 175—2007）标准规定指标要求时，该水泥为不合格品。

四、处理程序

(1)交货时,水泥的质量验收可抽取实物试样以其检验结果为依据,也可以生产者同编号水泥的检验报告为依据。采取何种方法验收由买卖双方商定,并在合同或协议中注明。卖方有告知买方验收方法的责任。当无书面合同或协议,或未在合同、协议中注明验收方法时,卖方应在发货票上注明"以本厂同编号水泥的检验报告为验收依据"字样。

(2)以抽取实物试样的检验结果为验收依据时,买卖双方应在发货前或交货地共同取样和签封。取样方法按《水泥取样方法》(GB 12573—2008)进行,取样质量为 20 kg,缩分为二等份。一份由卖方保存 40 d,一份由买方按标准规定的项目和方法进行检验。

在 40 d 内,买方检验认为产品质量不符合标准要求,而卖方又有异议时,则双方应将卖方保存的另一份试样送省级或省级以上国家认可的水泥质量监督检验机构进行仲裁检验。水泥安定性仲裁检验时,应在取样之日起 10 d 以内完成。

(3)以生产者同编号水泥的检验报告为验收依据时,在发货前或交货时买方在同编号水泥中取样,双方共同签封后由卖方保存 90 d,或认可卖方自行取样、签封并保存 90 d 的同编号水泥的封存样。

在 90 d 内,买方对水泥质量有疑问时,则买卖双方应将共同认可的试样送省级或省级以上国家认可的水泥质量监督检验机构进行仲裁检验。

第二节　建筑集料(砂、石)

一、概述

混凝土中的集料包括粗集料和细集料,砂浆中的集料仅有细集料。石子称为粗集料,砂子称为细集料。

二、砂的种类及定义

砂按产源不同分为天然砂和人工砂。天然砂包括河砂、海砂、山砂;人工砂包括机制砂和混合砂。

天然砂:由自然条件作用而形成的,公称粒径小于 5.00 mm 的岩石颗粒。

人工砂:岩石经除土开采、机械破碎、筛分而成的,公称粒径小于 5.00 mm 的岩石颗粒。

混合砂:由天然砂与人工砂按一定比例组合而成的砂。

三、石的种类及定义

石子按产源或加工方式不同分为卵石和碎石。

卵石:由自然条件作用形成的,公称粒径大于 5.00 mm 的岩石颗粒。

碎石:由天然岩石或卵石经破碎、筛分而成的,公称粒径大于 5.00 mm 的岩石颗粒。

四、质量要求

(一)砂

1. 砂的粗细程度

砂的粗细程度按细度模数 M_f 分为粗、中、细、特细四级,其范围应符合下列规定:

粗砂: $M_f = 3.7 \sim 3.1$。

中砂: $M_f = 3.0 \sim 2.3$。

细砂: $M_f = 2.2 \sim 1.6$。

特细砂: $M_f = 1.5 \sim 0.7$。

2. 颗粒级配

除特细砂外,砂的颗粒级配可按直径 630 μm 筛孔的累计筛余量(以质量百分率计)分成Ⅰ、Ⅱ、Ⅲ三个级配区(见表 2-4),且砂的颗粒级配应处于表 2-4 中的某一区内。

砂的实际颗粒级配与表2-4中的累计筛余相比,除公称粒径为5.00 mm和630 μm(表2-4斜体所标数值)的累计筛余外,其余公称粒径的累计筛余可稍超出分界线,但总超出量不应大于5%。

表2-4 砂颗粒级配区的累计筛余(按质量计,%)

公称粒径	Ⅰ区	Ⅱ区	Ⅲ区
5.00 mm	*10～0*	*10～0*	*10～0*
2.50 mm	35～5	25～0	15～0
1.25 mm	65～35	50～10	25～0
630 μm	*85～71*	*70～41*	*40～16*
315 μm	95～80	92～70	85～55
160 μm	100～90	100～90	100～90

当天然砂的实际颗粒级配不符合要求时,宜采取相应的技术措施,并经试验证明能确保混凝土质量后,方允许使用。

配制混凝土时宜优先选用Ⅱ区砂。当采用Ⅰ区砂时,应提高砂率,并保持足够的水泥用量,满足混凝土的和易性;当采用Ⅲ区砂时,宜适当降低砂率;当采用特细砂时,应符合相应的规定。

配制泵送混凝土,宜选用中砂。

3. 含泥量

天然砂中含泥量应符合表2-5的规定。

表2-5 天然砂中含泥量

混凝土强度等级	≥C60	C55～C30	≤C25
含泥量(按质量计,%)	≤2.0	≤3.0	≤5.0

对于有抗冻、抗渗或其他特殊要求的小于或等于C25混凝土用砂,其含泥量不应大于3.0%。

4. 泥块含量

砂中泥块含量应符合表2-6的规定。

表 2-6　砂中泥块含量

混凝土强度等级	≥C60	C55～C30	≤C25
泥块含量(按质量计,%)	≤0.5	≤1.0	≤2.0

对于有抗冻、抗渗或其他特殊要求的小于或等于 C25 混凝土用砂,其泥块含量不应大于 1.0%。

5. 石粉含量

人工砂或混合砂中石粉含量应符合表 2-7 的规定。

表 2-7　人工砂或混合砂中石粉含量

混凝土强度等级		≥C60	C55～C30	≤C25
石粉含量 (%)	MB<1.4(合格)	≤5.0	≤7.0	≤10.0
	MB≥1.4(不合格)	≤2.0	≤3.0	≤5.0

注:MB——人工砂中亚甲蓝测定值。

6. 坚固性

砂的坚固性应采用硫酸钠溶液检验,试样经 5 次循环后,其质量损失应符合表 2-8 的规定。

表 2-8　砂的坚固性指标

混凝土所处的环境条件及其性能要求	5 次循环后的质量损失(%)
在严寒及寒冷地区室外使用并经常处于潮湿或干湿交替状态下的混凝土; 有抗疲劳、耐磨、抗冲击要求的混凝土; 有腐蚀介质作用或经常处于水位变化区的地下结构混凝土	≤8
其他条件下使用的混凝土	≤10

7. 其他质量要求

(1)人工砂的总压碎值指标应小于 30%。

(2)当砂中含有云母、轻物质、有机物、硫化物及硫酸盐等有害物质时,其含量应符合表 2-9 的规定。

表2-9　砂中的有害物质含量

项目	质量指标
云母含量(按质量计,%)	≤2.0
轻物质含量(按质量计,%)	≤1.0
硫化物及硫酸盐含量(折算成SO_3,按质量计,%)	≤1.0
有机物含量(用比色法试验)	颜色不应深于标准色,当颜色深于标准色时,应按水泥胶砂强度试验方法进行强度对比试验,抗压强度比不应低于0.95

对于有抗冻、抗渗要求的混凝土用砂,其云母含量不应大于1.0%。

当砂中含有颗粒状的硫酸盐或硫化物杂质时,应进行专门检验,确认能满足混凝土耐久性要求后,方可采用。

(3)对于长期处于潮湿环境的重要混凝土结构用砂,应采用砂浆棒(快速法)或砂浆长度法进行骨料的碱活性检验。经上述检验判断为有潜在危害时,应控制混凝土中的碱含量不超过3 kg/m³,或采用能抑制碱－骨料反应的有效措施。

(4)砂中氯离子含量应符合下列规定:

①对于钢筋混凝土用砂,其氯离子含量不得大于0.06%(以干砂的质量百分率计);

②对于预应力混凝土用砂,其氯离子含量不得大于0.02%(以干砂的质量百分率计)。

(5)海砂中贝壳含量应符合表2-10的规定。

表2-10　海砂中贝壳含量

混凝土强度等级	≥C40	C35～C30	C25～C15
贝壳含量(按质量计,%)	≤3	≤5	≤8

对于有抗冻、抗渗或其他特殊要求的小于或等于C25混凝土用

砂,其贝壳含量不应大于 5%。

(二)石

1. 颗粒级配

碎石或卵石的颗粒级配应符合表 2-11 的要求。混凝土用石应采用连续粒级。

单粒级宜用于组合成满足要求的连续粒级,也可与连续粒级混合使用,以改善其级配或配成较大粒度的连续粒级。

当卵石的颗粒级配不符合表 2-11 的要求时,应采取措施并经试验证实能确保工程质量后,方允许使用。

表 2-11　碎石或卵石的颗粒级配范围

级配情况	公称粒级(mm)	累计筛余(按质量计,%)											
		方孔筛筛孔边长尺寸(mm)											
		2.36	4.75	9.5	16.0	19.0	26.5	31.5	37.5	53	63	75	90
连续粒级	5~10	95~100	80~100	0~15	0	—							
	5~16	95~100	85~100	30~60	0~10	0	—						
	5~20	95~100	90~100	40~80	—	0~10	0	—					
	5~25	95~100	90~100	—	30~70	—	0~5	0	—				
	5~31.5	95~100	90~100	70~90	—	15~45	—	0~5	0	—			
	5~40	—	95~100	70~90	—	30~65	—	—	0~5	0	—		
单粒级	10~20		95~100	85~100	—	0~15	0	—					
	16~31.5		95~100	—	85~100	—	0~10	0	—				
	20~40			95~100	—	80~100	—	0~10	0	—			
	31.5~63			—	95~100	—	75~100	45~75	—	0~10	0	—	
	40~80			—	—	95~100	—	70~100	—	30~60	0~10	0	

2. 针、片状颗粒含量

碎石或卵石中针、片状颗粒含量应符合表 2-12 的规定。

表 2-12　针、片状颗粒含量

混凝土强度等级	≥C60	C55 ~ C30	≤C25
针、片状颗粒含量（按质量计,%）	≤8	≤15	≤25

3. 含泥量

碎石或卵石中含泥量应符合表 2-13 的规定。

表 2-13　碎石或卵石中含泥量

混凝土强度等级	≥C60	C55 ~ C30	≤C25
含泥量（按质量计,%）	≤0.5	≤1.0	≤2.0

对于有抗冻、抗渗或其他特殊要求的混凝土,其所用碎石或卵石中含泥量不应大于 1.0%。当碎石或卵石的含泥是非黏土质的石粉时,其含泥量可由表 2-13 的 0.5%、1.0%、2.0%,分别提高到 1.0%、1.5%、3.0%。

4. 泥块含量

碎石或卵石中泥块含量应符合表 2-14 的规定。

表 2-14　碎石或卵石中泥块含量

混凝土强度等级	≥C60	C55 ~ C30	≤C25
泥块含量（按质量计,%）	≤0.2	≤0.5	≤0.7

对于有抗冻、抗渗或其他特殊要求的强度等级小于 C30 的混凝土,其所用碎石或卵石中泥块含量不应大于 0.5%。

5. 其他质量要求

(1)碎石的强度可用岩石的抗压强度和压碎值指标表示。岩石的抗压强度应比所配制的混凝土强度至少高 20%。当混凝土强度等级大于或等于 C60 时,应进行岩石抗压强度检验。岩石强度首先应由生产单位提供,工程中可采用压碎值指标进行质量控制。碎石的压碎值指标宜符合表 2-15 的规定。

表 2-15　碎石的压碎值指标

岩石品种	混凝土强度等级	碎石压碎值指标(%)
沉积岩	C60～C40	≤10
	≤C35	≤16
变质岩或深成的火成岩	C60～C40	≤12
	≤C35	≤20
喷出的火成岩	C60～C40	≤13
	≤C35	≤30

注:沉积岩包括石灰岩、砂岩等;变质岩包括片麻岩、石英岩等;深成的火成岩包括花岗岩、正长岩、闪长岩和橄榄岩等;喷出的火成岩包括玄武岩和辉绿岩等。

卵石的强度可用压碎值指标表示。其压碎值指标宜符合表 2-16 的规定。

表 2-16　卵石的压碎值指标

混凝土强度等级	C60～C40	≤C35
压碎值指标(%)	≤12	≤16

(2)碎石或卵石的坚固性应用硫酸钠溶液法检验,试样经 5 次循环后,其质量损失应符合表 2-17 的规定。

表 2-17　碎石或卵石的坚固性指标

混凝土所处的环境条件及其性能要求	5 次循环后的质量损失(%)
在严寒及寒冷地区室外使用,并经常处于潮湿或干湿交替状态下的混凝土;有腐蚀性介质作用或经常处于水位变化区的地下结构混凝土;有抗疲劳、耐磨、抗冲击等要求的混凝土	≤8
在其他条件下使用的混凝土	≤12

（3）碎石或卵石中的硫化物和硫酸盐含量以及卵石中有机物等有害物质含量，应符合表2-18的规定。

表2-18　碎石或卵石中的有害物质含量

项目	质量要求
硫化物及硫酸盐含量 （折算成SO_3，按质量计，%）	≤1.0
卵石中有机物含量（用比色法试验）	颜色应不深于标准色，当颜色深于标准色时，应配制成混凝土进行强度对比试验，抗压强度比应不低于0.95

当碎石或卵石中含有颗粒状硫酸盐或硫化物杂质时，应进行专门检验，确认能满足混凝土耐久性要求后，方可采用。

（4）对于长期处于潮湿环境的重要结构混凝土，其所使用的碎石或卵石应进行碱活性检验。

进行碱活性检验时，首先应采用岩相法检验碱活性骨料的品种、类型和数量。当检验出骨料中含有活性二氧化硅时，应采用快速砂浆棒法和砂浆长度法进行碱活性检验；当检验出骨料中含有活性碳酸盐时，应采用岩石柱法进行碱活性检验。

经上述检验，当判定骨料存在潜在碱－碳酸盐反应危害时，不宜用作混凝土骨料；否则，应通过专门的混凝土试验，做最后评定。

当判定骨料存在潜在的碱－硅反应危害时，应控制混凝土中的碱含量不超过$3~kg/m^3$，或采用能抑制碱－骨料反应的有效措施。

五、验收、运输和堆放

（一）验收批的确定

供货单位应提供砂或石的产品合格证及质量检验报告。

使用单位应按砂或石的同产地、同规格分批验收。采用大型工具（如火车、货船或汽车）运输的，应以$400~m^3$或600 t为一验收批；采用小型工具（如拖拉机等）运输的，应以$200~m^3$或300 t为一验收批。不足上述量者，应按一验收批进行验收。

当砂或石的质量比较稳定、进料量又较大时,可以 1 000 t 为一验收批。

注:当质量比较稳定,进料量又较大时,可定期检验,即日进量在 1 000 t 以上,连续复检 5 次以上合格,可按 1 000 t 为一批。

(二)检验项目

每验收批砂石至少应进行颗粒级配、含泥量、泥块含量检验。对于碎石或卵石,还应检验针片状颗粒含量;对于海砂或有氯离子污染的砂,还应检验其氯离子含量;对于海砂,还应检验贝壳含量;对于人工砂及混合砂,还应检验石粉含量。对于重要工程或特殊工程,应根据工程要求增加检测项目。对其他指标的合格性有怀疑时,应予检验。

(三)注意事项

砂或石在运输、装卸和堆放过程中,应防止颗粒离析、混入杂质,并应按产地、种类和规格分别堆放。碎石或卵石的堆料高度不宜超过 5 m,对于单粒级或最大粒径不超过 20 mm 的连续粒级,其堆料高度可增加到 10 m。

六、取样方法与结果处理

(一)取样方法

每验收批取样方法应按下列规定执行:

(1)从料堆上取样时,取样部位应均匀分布。取样前应先将取样部位表层铲除,然后从各部位抽取大致相等的砂 8 份、石子 16 份,各自组成一组样品。

(2)从皮带运输机上取样时,应在皮带运输机机尾的出料处用接料器定时抽取砂 4 份、石 8 份各自组成一组样品。

(3)从火车、汽车、货船上取样时,应从不同部位和深度抽取大致相等的砂 8 份、石 16 份各自组成一组样品。

注:如经观察,认为各节车皮间(汽车、货船间)所载的砂、石质量相差甚为悬殊时,应对质量有怀疑的每节列车(汽车、货船)分别取样和验收。

(二)取样数量

对于每一单项检验项目,砂、石的每组样品取样数量应分别满足表2-19和表2-20的规定。当需要做多项检验时,可在确保样品经一项试验后不致影响其他试验结果的前提下,用同组样品进行多项不同的试验。

表2-19 每一单项检验项目所需砂的最少取样质量

检验项目	最少取样质量(g)
筛分析	4 400
表观密度	2 600
吸水率	4 000
紧密密度和堆积密度	5 000
含水率	1 000
含泥量	4 400
泥块含量	20 000
石粉含量	1 600
人工砂压碎值指标	分成公称粒级5.00～2.50 mm、2.50～1.25 mm、1.25 mm～630 μm、630～315 μm、315～160 μm,每个粒级各需1 000 g
有机物含量	2 000
云母含量	600
轻物质含量	3 200
坚固性	分成公称粒级5.00～2.50 mm、2.50～1.25 mm、1.25 mm～630 μm、630～315 μm、315～160 μm,每个粒级各需100 g
硫化物及硫酸盐含量	50
氯离子含量	2 000
贝壳含量	10 000
碱活性	20 000

表2-20　每一单项检验项目所需碎石或卵石的最小取样质量(kg)

试验项目	最大公称粒径(mm)							
	10.0	16.0	20.0	25.0	31.5	40.0	63.0	80.0
筛分析	8	15	16	20	25	32	50	64
表观密度	8	8	8	8	12	16	24	24
含水率	2	2	2	2	2	3	4	6
吸水率	8	8	16	16	16	24	24	32
堆积密度、紧密密度	40	40	40	40	80	80	120	120
含泥量	8	8	24	24	40	40	80	80
泥块含量	8	8	24	24	40	40	80	80
针、片状含量	1.2	4	8	12	20	40	—	—
硫化物及硫酸盐	1.0							

注:有机物含量、坚固性、压碎值指标及碱－骨料反应检验,应按试验要求的粒级及质量取样。

　　每组样品应妥善包装,避免细料散失,防止污染,并附样品卡片,标明样品的编号、取样时间、代表数量、产地、样品量、要求检验项目及取样方式等。

　　(三)结果处理

　　对于天然砂、天然卵石,除筛分析外,当其余检验项目存在不合格项时,应加倍取样进行复验。当复验仍有一项不满足标准要求时,应按不合格品处理。

第三节　掺合料

一、概述

　　随着预拌混凝土的广泛应用和混凝土施工工艺的进步(泵送混凝土),掺合料已成为混凝土不可缺少的组成成分。掺合料的种类有粉煤灰、磨细矿渣粉、沸石粉、硅灰等,常用的有粉煤灰和磨细矿渣粉。

　　粉煤灰:电厂煤粉炉烟道气体中收集的粉末。

粒化高炉矿渣粉(简称矿渣粉):符合《用于水泥中的粒化高炉矿渣》(GB/T 203—2008)规定的粒化高炉矿渣经干燥、粉磨(或添加少量石膏一起粉磨)达到相当细度且符合相应活性指数的粉体。

磨细天然沸石:以一定品位纯度的天然沸石(指火山喷发形成的玻璃体在长期的碱溶液条件下二次成矿所形成的以沸石类矿物为主的岩石)为原料,经粉磨至规定细度的产品。

硅灰:在冶炼硅铁合金或工业硅时,通过烟道排出的硅蒸气氧化后,经收尘器收集得到的以无定形二氧化硅为主要成分的产品。

二、技术要求

(一)用于水泥和混凝土中的粉煤灰

拌制混凝土和砂浆用粉煤灰应符合表2-21中的技术要求。

表2-21 拌制混凝土和砂浆用粉煤灰的技术要求

项目		技术要求		
		Ⅰ级	Ⅱ级	Ⅲ级
细度(45 μm 方孔筛筛余),不大于(%)	F 类粉煤灰	12.0	25.0	45.0
	C 类粉煤灰			
需水量比,不大于(%)	F 类粉煤灰	95	105	115
	C 类粉煤灰			
烧失量,不大于(%)	F 类粉煤灰	5.0	8.0	15.0
	C 类粉煤灰			
含水量,不大于(%)	F 类粉煤灰	1.0		
	C 类粉煤灰			
三氧化硫,不大于(%)	F 类粉煤灰	3.0		
	C 类粉煤灰			
游离氧化钙,不大于(%)	F 类粉煤灰	1.0		
	C 类粉煤灰	4.0		
安定性,雷氏夹沸煮后增加距离,不大于(mm)	C 类粉煤灰	5.0		

注:粉煤灰按煤种分为 F 类和 C 类。

　　F 类粉煤灰——由无烟煤或烟煤煅烧收集的粉煤灰。

　　C 类粉煤灰——由褐煤或次烟煤煅烧收集的粉煤灰,其氧化钙含量一般大于10%。

（二）用于水泥和混凝土中的粒化高炉矿渣粉

矿渣粉应符合表2-22的规定。

表2-22　矿渣粉的技术指标

项目			级别		
			S105	S95	S75
密度（g/cm³）		≥	2.8		
比表面积（m²/kg）		≥	500	400	300
活性指数（%）	7 d	≥	95	75	55
	28 d		105	95	75
流动度比（%）		≥	95		
含水量（质量分数）（%）		≤	1.0		
三氧化硫（质量分数）（%）		≤	4.0		
氯离子（质量分数）（%）		≤	0.06		
烧失量（质量分数）（%）		≤	3.0		
玻璃体含量（质量分数）（%）		≥	85		
放射性			合格		

（三）高强高性能混凝土用矿物外加剂

高强高性能混凝土用矿物外加剂是指在搅拌过程中加入的、具有一定细度和活性的、用于改善新拌和硬化混凝土性能（特别是混凝土耐久性）的某些矿物类的产品。其包括磨细矿渣、磨细粉煤灰、磨细天然沸石和硅灰及其复合物。

1. 等级

依据性能指标将磨细矿渣分为三级,将磨细粉煤灰和磨细天然沸石分为两级。

2. 代号

矿物外加剂用代号 MA 表示。

各类矿物外加剂用不同代号表示:磨细矿渣为 S,磨细粉煤灰为 F,磨细天然沸石为 Z,硅灰为 SF。

3. 技术要求

矿物外加剂的技术要求应符合表 2-23 的规定。

表 2-23　矿物外加剂的技术要求

试验项目		指标							
		磨细矿渣			磨细粉煤灰		磨细天然沸石		硅灰
		Ⅰ	Ⅱ	Ⅲ	Ⅰ	Ⅱ	Ⅰ	Ⅱ	
化学性能	MgO(%) ≤	14							
	SO_3(%) ≤	4			3				
	烧失量(%) ≤	3			5	8			6
	Cl^-(%) ≤	0.02			0.02		0.02		0.02
	SiO_2(%) ≥								85
	吸铵值(mmol/100 g)≥	—	—	—			130	100	
物理性能	比表面积(m^2/kg) ≥	750	550	350	600	400	700	500	15 000
	含水率(%) ≤	1.0			1.0		—	—	3.0
胶砂性能	需水量比(%) ≤	100			95	105	110	115	125
	活性指数 3 d(%) ≥	85	70	55	—	—	—	—	—
	活性指数 7 d(%) ≥	100	85	75	80	75	—	—	—
	活性指数 28 d(%) ≥	115	105	100	90	85	90	85	85
总碱量		各种矿物外加剂均应测定其总碱量。根据工程要求,由供需双方商定供货指标							

三、取样方法与结果处理

(一)粉煤灰

1. 编号与取样

1)编号

以连续供应的200 t相同等级、相同种类的粉煤灰为一编号。不足200 t按一个编号论,粉煤灰质量按干灰(含水量小于1%)的质量计算。

2)取样

(1)每一编号为一取样单位,当散装粉煤灰运输工具的容量超过该厂规定出厂编号吨数时,允许该编号的数量超过取样规定吨数。

(2)取样方法按《水泥取样方法》(GB 12573—2008)进行。取样应有代表性,可连续取,也可从10个以上不同部位取等量样品,总质量至少达3 kg。

(3)拌制混凝土和砂浆用粉煤灰,必要时,买方可对粉煤灰的技术要求进行随机抽样检验。

2. 判定规则

拌制混凝土和砂浆用粉煤灰,试验结果符合表2-21相应等级技术要求时,则判为相应等级品。若其中任何一项不符合要求,允许在同一编号中重新加倍取样进行全部项目的复检,以复检结果判定,复检不合格可降级处理。凡低于表2-21最低级别要求的为不合格品。

(二)矿粉

1. 编号及取样

1)编号

渣粉出厂前按同级别进行编号和取样。每一编号为一个取样单位。矿渣粉出厂编号按矿渣粉单线年生产能力规定为:

(1)60×10^4 t以上,不超过2 000 t为一编号;

(2)30×10^4 t ~ 60×10^4 t,不超过1 000 t为一编号;

（3）$10 \times 10^4 \sim 30 \times 10^4$ t，不超过 600 t 为一编号；

（4）10×10^4 t 以下，不超过 200 t 为一编号。

当散装运输工具容量超过该厂规定出厂编号吨数时，允许该编号数量超过该厂规定出厂编号吨数。

2）取样方法

取样按《水泥取样方法》（GB 12573—2008）规定进行，取样应有代表性，可连续取样，也可以从 20 个以上部位取等量样品，总质量至少达 20 kg。试样应混合均匀，按四分法缩取出比试验所需要量大一倍的试样。

2. 检验项目

矿渣粉生产厂应按表 2-22 规定的密度、比表面积、活性指数、流动度比、含水量和三氧化硫含量等要求进行检验。

3. 检验结果评定

符合表 2-22 要求的为合格品。若其中任何一项不符合要求，应重新加倍取样，对不合格的项目进行复验，评定时以复验结果为准。凡不符合表 2-22 要求的矿渣粉为不合格品。

（三）高强高性能混凝土用矿物外加剂

1. 编号、取样和留样

矿物外加剂出厂前应按同类同等级进行编号和取样，每一编号为一个取样单位。

硅灰及其复合矿物外加剂以 30 t 为一个取样单位，其余矿物外加剂以 120 t 为一个取样单位，其数量不足者也以一个取样单位计。

取样按《水泥取样方法》（GB 12573—2008）规定进行。取样应随机进行，要有代表性，可以连续取样，也可以从 20 个以上不同部位取等量样品。每样总质量至少达 12 kg，硅灰取样量可以酌减，但总质量至少达 4 kg。试样混匀后，按四分法缩取出比试验用量多一倍的试样。

生产厂每一编号的矿物外加剂试样应分为两等份，一份供产品出厂检验用，另一份密封保存 6 个月，以备复验或仲裁时用。

2. 判定

各类矿物外加剂性能符合表 2-23 中相应等级的规定,则判为相应等级;若其中一项不符合规定指标,则降级或判为不合格品。

第四节　混凝土外加剂

一、概述

混凝土外加剂是在拌制混凝土过程中掺入用以改善混凝土性能的物质,掺量不大于水泥质量的 5%(特殊情况除外)。

(一)混凝土外加剂分类

混凝土外加剂按其功能分为四类:

(1)改善混凝土拌和物流变性能的外加剂。包括各种减水剂、引气剂和泵送剂等。

(2)调节混凝土凝结时间、硬化性能的外加剂。包括缓凝剂、早强剂和速凝剂等。

(3)改善混凝土耐久性的外加剂。包括引气剂、防水剂和阻锈剂等。

(4)改善混凝土其他性能的外加剂。包括引气剂、膨胀剂、防冻剂、着色剂、防水剂和泵送剂等。

(二)混凝土外加剂名称及定义

随着混凝土技术的迅速发展,列入国家(行业)标准的外加剂包括以下种类:

(1)普通减水剂:在混凝土坍落度基本相同的条件下,能减少拌和用水量的外加剂。

(2)高效减水剂:在混凝土坍落度相同的条件下,能大幅度减少拌和用水量的外加剂。

(3)引气剂:在混凝土搅拌过程中,能引入大量分布均匀的微小气泡,以减少混凝土拌和物泌水离析,改善和易性,并能显著提高硬化混凝土抗冻、耐久性的外加剂。

(4)引气减水剂:兼有引气和减水作用的外加剂。

(5)缓凝剂:能延缓混凝土凝结时间,并对混凝土后期强度发展无不利影响的外加剂。

(6)缓凝高效减水剂:兼有缓凝和大幅度减少拌和用水量的外加剂。

(7)早强剂:能加速混凝土早期强度发展,并对后期强度无显著影响的外加剂。

(8)早强减水剂:兼有早强和减水作用的外加剂。

(9)防冻剂:能使混凝土在负温下硬化,并在规定养护条件下达到预期性能的外加剂。

(10)膨胀剂:能使混凝土(砂浆)在水化过程中产生一定的体积膨胀,并在有约束的条件下产生适当自应力的外加剂。

(11)泵送剂:能改善混凝土拌和物泵送性能的外加剂。

(12)防水剂:能降低砂浆、混凝土在静水压力下透水性的外加剂。

(13)速凝剂:能使混凝土迅速凝结硬化的外加剂。

(14)高性能减水剂:比高效减水剂具有更高减水率、更好坍落度保持性能、较小干燥收缩率,且具有一定引气性能的减水剂。

二、质量要求

(一)高性能减水剂、高效减水剂、普通减水剂、引气减水剂、泵送剂、早强剂、缓凝剂、引气剂的质量要求

1. 受检混凝土性能指标

受检混凝土性能指标应符合表2-24的要求。

2. 匀质性指标

匀质性指标应符合表2-25的要求。

表2-24　受检混凝土性能指标

项目		外加剂品种							
		高性能减水剂 HPWR			高效减水剂 HWR		普通减水剂 WR		
		早强型 HPWR－A	标准型 HPWR－S	缓凝型 HPWR－R	标准型 HWR－S	缓凝型 HWR－R	早强型 WR－A	标准型 WR－S	缓凝型 WR－R
减水率,不小于(%)		25	25	25	14	14	8	8	8
泌水率比,不大于(%)		50	60	70	90	100	95	100	100
含气量(%)		≤6.0	≤6.0	≤6.0	≤3.0	≤4.5	≤4.0	≤4.0	≤5.5
凝结时间之差 (min)	初凝／终凝	−90～＋90	−90～＋120	＞＋90	−90～＋120	＞＋90	−90～＋90	−90～＋120	＞＋90
1 h 经时变化量	坍落度 (mm)	—	≤80	≤60	—	—	—	—	—
	含气量 (%)								
抗压强度比,不小于(%)	1 d	180	170	—	140	—	135	—	—
	3 d	170	160	—	130	—	130	115	—
	7 d	145	150	140	125	125	110	115	110
	28 d	130	140	130	120	1	100	110	110
收缩率比,不大于(%)	28 d	110	110	110	135	135	135	135	135
相对耐久性(200次),不小于(%)		—	—	—	—	—	—	—	—

续表 2-24

项目		外加剂品种				
		引气减水剂 AEWR	泵送剂 PA	早强剂 Ac	缓凝剂 Re	引气剂 AE
减水率,不小于(%)		10	12	—	—	6
泌水率比,不大于(%)		70	70	100	100	70
含气量(%)		≥3.0	≤5.5	—	—	≥3.0
凝结时间之差 (min)	初凝	-90 ~ +120	—	-90 ~ +90	> +90	-90 ~ +120
	终凝					
1 h 经时变化量	坍落度(mm)	—	≤80	—	—	—
	含气量(%)	-1.5 ~ +1.5	—	—	—	-1.5 ~ +1.5
抗压强度比, 不小于(%)	1 d	—	—	135	—	—
	3 d	115	—	130	—	95
	7 d	110	115	110	100	95
	28 d	100	110	100	100	90
收缩率比, 不大于(%)	28 d	135	135	135	135	135
相对耐久性(200次),不小于(%)		≥80	—	—	—	80

注:1. 表中抗压强度比、收缩率比和相对耐久性为强制性指标,其余为推荐性指标。

2. 除含气量外,表中所列数据为掺外加剂混凝土与基准混凝土的差值或比值。

3. "凝结时间之差"性能指标中的"-"号表示提前,"+"号表示延缓。

4. "相对耐久性(200次)"性能指标中的"≥80"表示将 28 d 龄期的受检混凝土试件快速冻融循环 200 次后,动弹性模量保留值≥80%。

5. "1 h 含气量经时变化量"指标中的"-"号表示含气量增加,"+"号表示含气量减少。

6. 其他品种的外加剂是否需要测定相对耐久性指标,由供需双方协商确定。

7. 当用户对泵送剂等产品有特殊要求时,需要进行的补充试验项目、试验方法及指标,由供需双方协商确定。

表 2-25　匀质性指标

试验项目	指标
氯离子含量(%)	不超过生产厂控制值
总碱量(%)	不超过生产厂控制值
含固量(%)	$S > 25\%$ 时,应控制在 $0.95S \sim 1.05S$
	$S \leqslant 25\%$ 时,应控制在 $0.90S \sim 1.10S$
含水率(%)	$W > 5\%$ 时,应控制在 $0.90W \sim 1.10W$
	$W \leqslant 5\%$ 时,应控制在 $0.80W \sim 1.20W$
密度(g/cm³)	$D > 1.1$ 时,应控制在 $D \pm 0.03$
	$D \leqslant 1.1$ 时,应控制在 $D \pm 0.02$
细度	应在生产厂控制值范围内
pH 值	应在生产厂控制值范围内
硫酸钠含量(%)	不超过生产厂控制值

注:1. 生产厂应在相关的技术资料中明示产品匀质性指标的控制值。

2. 对相同和不同批次之间的匀质性和等效性的其他要求,可由供需双方商定。

3. 表中的 S、W 和 D 分别为含固量、含水率和密度的生产厂控制值。

(二)混凝土膨胀剂的质量要求

1. 化学成分

(1)氧化镁:混凝土膨胀剂中的氧化镁含量应不大于5%。

(2)碱含量(选择性指标):混凝土膨胀剂中的碱含量用 $Na_2O + 0.658K_2O$ 计算值表示。若使用活性骨料,用户要求提供低碱混凝土膨胀剂时,混凝土膨胀剂中的碱含量应不大于 0.75%,或由供需双方协商确定。

2. 物理性能

混凝土膨胀剂的物理性能指标应符合表 2-26 规定。

表 2-26　混凝土膨胀剂的物理性能指标

项目			指标值	
			Ⅰ 型	Ⅱ 型
细度	比表面积(m²/kg)	≥	200	
	1.18 mm 筛筛余(%)	≤	0.5	
凝结时间	初凝(min)	≥	45	
	终凝(min)	≤	600	
限制膨胀率(%)	水中 7 d	≥	0.025	0.050
	空气中 21 d	≥	-0.020	-0.010
抗压强度(MPa)	7 d	≥	20.0	
	28 d	≥	40.0	

注:本表中的限制膨胀率为强制性的,其余为推荐性的。

(三)砂浆、混凝土防水剂的质量要求

1. 匀质性指标

匀质性指标应符合表 2-27 的规定。

表 2-27　匀质性指标

试验项目	指标	
	液体	粉体
密度(g/cm³)	$D > 1.1$ 时,要求为 $D \pm 0.03$; $D \leqslant 1.1$ 时,要求为 $D \pm 0.02$ (D 是生产厂提供的密度值)	—
氯离子含量(%)	应小于生产厂最大控制值	应小于生产厂最大控制值

续表 2-27

试验项目	指标	
	液体	粉体
总碱量(%)	应小于生产厂最大控制值	应小于生产厂最大控制值
细度(%)	—	0.315 mm 筛筛余应小于15%
含水率 (%)	—	$W \geqslant 5\%$ 时,$0.90W \leqslant X < 1.10W$; $W < 5\%$ 时,$0.90W \leqslant X < 1.20W$; ($W$ 是生产厂提供的含水率(按质量计,%),X 是测试的含水率(按质量计,%))
固体含量 (%)	$S \geqslant 20\%$,$0.95S \leqslant X < 1.05S$; $S < 20\%$,$0.90S \leqslant X < 1.10S$; ($S$ 是生产厂提供的固体含量(按质量计,%),X 是测试的固体含量(按质量计,%))	

注:生产厂应在产品说明书中明示产品匀质性指标的控制值。

2. 受检混凝土的性能指标

受检混凝土的性能应符合表 2-28 的规定。

表 2-28　受检混凝土的性能指标

试验项目		性能指标	
		一等品	合格品
安定性		合格	合格
凝结时间(min)　≥	初凝	-90	-90
抗压强度比(%)　≥	3 d	100	90
	7 d	110	100
	28 d	100	90
渗透高度比(%)　≤		30	40

续表 2-28

试验项目		性能指标	
		一等品	合格品
吸水量比(48 h)(%)	≤	65	75
收缩率比(28 d)(%)	≤	125	135

注:安定性为受检净浆的试验结果,凝结时间为受检混凝土与基准混凝土的差值,表中其他数据为受检混凝土与基准混凝土的比值。

表中"-"表示提前。

(四)混凝土防冻剂的质量要求

1. 防冻剂的匀质性指标

防冻剂的匀质性应符合表 2-29 的要求。

表 2-29　防冻剂的匀质性指标

序号	试验项目	指标
1	固体含量(%)	液体防冻剂: $S \geqslant 20\%$,$0.95S \leqslant X < 1.05S$; $S < 20\%$,$0.90S \leqslant X < 1.10S$ (S 是生产厂提供的固体含量(按质量计,%), X 是测试的固体含量(按质量计,%))
2	含水率(%)	粉状防冻剂: $W \geqslant 5\%$,$0.90W \leqslant X < 1.10W$; $W < 5\%$,$0.80W \leqslant X < 1.20W$ (W 是生产厂提供的含水率(按质量计,%),X 是测试的含水率(按质量计,%))
3	密度	液体防冻剂: $D > 1.1$ 时,要求为 $D \pm 0.03$; $D \leqslant 1.1$ 时,要求为 $D \pm 0.02$ (D 是生产厂提供的密度值)

续表 2-29

序号	试验项目	指标
4	氯离子含量(%)	无氯盐防冻剂:≤0.1%(质量百分比)
		其他防冻剂:不超过生产厂提供的控制值
5	碱含量(%)	不超过生产厂提供的最大值
6	水泥净浆流动度(mm)	应不小于生产厂提供的控制值的95%
7	细度(%)	粉状防冻剂细度应不超过生产厂提供的最大值

2. 掺防冻剂混凝土性能

掺防冻剂混凝土性能应符合表2-30的要求。

表2-30　掺防冻剂混凝土性能

序号	试验项目		性能指标					
			一等品			合格品		
1	减水率(%)　≥		10			—		
2	泌水率比(%)　≤		80			100		
3	含气量(%)　≥		2.5			2.0		
4	凝结时间差(min)	初凝	-150 ~ +150			-210 ~ +210		
		终凝						
5	抗压强度比(%)　≥	规定温度(℃)	-5	-10	-15	-5	-10	-15
		R_{-7}	20	12	10	20	10	8
		R_{28}	100		95	95		90
		R_{-7+28}	95	90	85	90	85	80
		R_{-7+56}	100			100		
6	28 d 收缩率比(%)≤		135					
7	渗透高度比(%)　≤		100					
8	50 次冻融强度损失率比(%)　≤		100					
9	对钢筋锈蚀作用		应说明对钢筋有无锈蚀作用					

3. 释放氨量

含有氨或氨基类的防冻剂释放氨量应符合《混凝土外加剂中释放氨的限量》(GB 18588—2001)规定的限值。

三、取样方法

(一)高性能减水剂、高效减水剂、普通减水剂、引气减水剂、泵送剂、早强剂、缓凝剂、引气剂的取样方法

根据《混凝土外加剂》(GB 8076—2008)规定,生产厂应根据产量和生产设备条件,将产品分批编号。掺量大于1%(含1%)的同品种的外加剂每一批号为100 t,掺量小于1%的外加剂每一批号为50 t,不足100 t或50 t的也按一个批量计,同一批号的产品必须混合均匀。

每一批号取样量不少于0.2 t水泥所需用的外加剂量。

每一批号取样应充分混匀,分为两等份,一份按《混凝土外加剂》(GB 8076—2008)标准规定的项目进行试验;另一份密封保存半年,以备有疑问时,提交国家指定的检验机关进行复验或仲裁。

(二)混凝土膨胀剂的取样方法

根据《混凝土膨胀剂》(GB 23439—2009)规定,膨胀剂按同类型编号和取样。袋装和散装膨胀剂应分别进行编号和取样。膨胀剂出厂编号按生产能力规定:日产量超过200 t时,以不超过200 t为一编号;不足200 t时,以日产量为一编号。每一编号为一取样单位,取样方法按《水泥取样方法》(GB/T 12573—2008)标准规定的进行。取样应具有代表性,可连续取,也可从20个以上不同部位取等量样品,总质量不小于10 kg。

每一编号取得的试样应充分混匀,分为两等份。一份为检验样;另一份为封存样,密封保存180 d。

(三)砂浆、混凝土防水剂的取样方法

根据《砂浆、混凝土防水剂》(JC 474—2008)规定,生产厂应根据产量和生产设备条件,将产品分批编号。年产量不小于500 t的每50 t为一批;年产量500 t以下的每30 t为一批;不足50 t或者30 t的,也按照一个批量计。同一批号的产品必须混合均匀。

每一批取样量不少于0.2 t水泥所需用的外加剂量。

每一批取样应充分混合均匀,分为两等份,一份按《混凝土外加剂》(GB 8076—2008)标准规定的方法与项目进行试验;另一份密封保存半年,以备有疑问时,提交国家指定的检验机关进行复验或仲裁。

(四)混凝土防冻剂的取样方法

同一品种的防冻剂,每50 t为一批,不足50 t也可作为一批。取样应具有代表性,可连续取,也可以从20个以上不同部位取等量样品。液体防冻剂取样时,应注意从容器的上、中、下三层分别取样,每批取样量不少于0.15 t水泥所需用的防冻剂量(以其最大掺量计)。

每批取得的试样应充分混匀,分为两等份。一份按《混凝土防冻剂》(JC 475—2004)进行试验;另一份密封保存半年,以备有争议时,提交国家指定的检验机构进行复验或仲裁。

四、结果判定与处理

(一)高性能减水剂、高效减水剂、普通减水剂、引气减水剂、泵送剂、早强剂、缓凝剂、引气剂的判定

1. 判定规则

产品经检验,匀质性符合表2-25的要求,各种类型外加剂受检混凝土性能指标中,高性能减水剂及泵送剂的减水率和坍落度的经时变化量,其他减水剂的减水率、缓凝型外加剂的凝结时间差、引气型外加剂的含气量及其经时变化量、硬化混凝土的各项性能符合表2-24的要求,则判定该批号外加剂合格。如不符合上述要求,则判该批号外加剂不合格。其余项目可作为参考指标。

2. 复验

复验以封存样进行。如果使用单位要求现场取样,应事先在供货合同中规定,并在生产和使用单位人员在场的情况下于现场取混合样,复验按照型式检验项目检验。

(二)混凝土膨胀剂的判定

试验结果符合《混凝土膨胀剂》(GB 23439—2009)全部要求时,判该批产品合格;否则为不合格,不合格品不得出厂。

（三）砂浆、混凝土防水剂的判定

混凝土防水剂各项性能指标符合表 2-27 中匀质性指标和表 2-28 中硬化混凝土的技术要求，可判定为相应等级的产品。如不符合上述要求，则判该批号防水剂不合格。

（四）混凝土防冻剂的判定

1. 判定规则

产品经检验，混凝土拌和物的含气量、硬化混凝土性能（抗压强度比、收缩率比、抗渗高度比、50 次冻融强度损失率比）、钢筋锈蚀全部符合表 2-30 的要求，则可判定为相应等级的产品；否则判为不合格品。

2. 复验

复验以封存样进行。如果使用单位要求现场取样，可在生产和使用单位人员在场的情况下于现场取平均样，但应事先在供货合同中规定。复验按照型式检验项目检验。

第三章　预拌混凝土常见的问题、原因及防治措施

第一节　混凝土拌和物状态(和易性)

一、问题表现

表现的第一种情况:预拌混凝土在站内出机时状态就不好,坍落度小、黏聚性和保水性差。表现的第二种情况:预拌混凝土出机坍落度满足合同要求,但运至交货地点时坍落度较小,满足不了合同和施工要求。表现的第三种情况:施工现场混凝土拌和物黏聚性或保水性不好,出现离析现象,堵泵,不宜泵送。

二、主要原因

(1)原材料的质量及配合比的合理性:砂的含泥量(石粉含量)、泥块含量、颗粒级配分布情况等;石子的含泥量、泥块含量、颗粒级配分布情况、针片状含量等;外加剂减水率、碱含量等;水泥的温度、标准稠度用水量、碱含量等;掺合料的细度、烧失量、需水量等;尤其是水泥、掺合料与外加剂的相容性。

(2)配合比中各种材料用量的合理性,尤其是外加剂的掺量。

(3)因运距过远,交通或现场押车、泵车陈旧,性能差等问题造成的。

三、防治措施

(一)宏观措施

(1)材料部加强供货单位的筛选,试验室加强试验手段。

（2）试验室加强试配及配合比的验证工作。

（3）调度及时与现场沟通，尽量控制好发车时间。供货前运输部做好路途的预测工作。尽量将混凝土拌和物从搅拌机卸出至施工现场接收的时间间隔控制在 90 min 内，将混凝土拌和物从搅拌机卸出至浇筑完毕的延续时间控制在 120 min 内。

（4）运输车司机在运输途中保证搅拌罐慢速旋转，卸料前采用快挡旋转搅拌罐不少于 20 s。

（5）现场质检员和司机可在混凝土拌和物中二次添加随车携带的备用减水剂并采用快挡旋转搅拌罐，减水剂掺量应有经试验确定的预案。

（6）试验室将坍损考虑在内，做好试配工作，并做好二次添加减水剂的预案。

（7）确保泵车的正常泵送功能。

（8）当外加剂的性能发生突变（即减水率突然增大、减小或含气量过低）时，均会对混凝土拌和物的和易性造成影响。为了预防这些问题的发生，除对每批入场的外加剂进行全面的检验外，还要加强在生产过程中的质量控制，一旦发生用水量突然变化、混凝土离析等现象，一定要迅速查明原因，调整外加剂掺量。同时，还要经常检测混凝土的含气量或容重，如果发生明显变化就需要通知外加剂供应商进行调整。

（二）具体措施

1. 加强原材料质量控制

1）原材料进场时和进场后的检验

（1）混凝土原材料进场时，供方应按规定批次向需方提供质量证明文件。质量证明文件应包括型式检验报告、出厂检验报告与合格证等，外加剂产品还应提供使用说明书。

（2）原材料进场后应进行检验，检验样品应随机抽取。检验批量应符合下列规定：

①散装水泥应按每 500 t 为一个检验批；袋装水泥应按每 200 t 为一个检验批；粉煤灰或粒化高炉矿渣粉等矿物掺和料应按每 200 t 为一个检验批；硅灰应按每 30 t 为一个检验批；砂、石骨料应按每 400 m³ 或

600 t 为一个检验批;外加剂应按每 50 t 为一个检验批;水应按同一水源不少于一个检验批。

②当符合下列条件之一时,可将检验批量扩大一倍:对经产品认证机构认证符合要求的产品;来源稳定且连续三次检验合格;同一厂家的同批出厂材料,用于同时施工且属于同一工程项目的多个单位工程。

③不同批次或非连续供应的不足一个检验批量的混凝土原材料应作为一个检验批。

2)原材料的质量应符合的规定

A. 水泥

a. 水泥品种和强度等级的选用应根据设计、施工要求以及工程所处环境确定。对于一般建筑结构及预制构件的普通混凝土,宜采用通用硅酸盐水泥;高强混凝土和有抗冻要求的混凝土宜采用硅酸盐水泥或普通硅酸盐水泥;有预防混凝土碱 – 骨料反应要求的混凝土工程宜采用碱含量低于 0.6% 的水泥;大体积混凝土宜采用中、低热硅酸盐水泥或低热矿渣硅酸盐水泥。水泥应符合现行国家标准《通用硅酸盐水泥》(GB 175—2007)和《中热硅酸盐水泥　低热硅酸盐水泥　低热矿渣硅酸盐水泥》(GB 200—2003)的有关规定。

b. 水泥质量主要控制项目应包括凝结时间、安定性、胶砂强度、氧化镁和氯离子含量,碱含量低于 0.6% 的水泥主要控制项目应包括碱含量,中、低热硅酸盐水泥或低热矿渣硅酸盐水泥主要控制项目还应包括水化热。

c. 水泥的应用应符合下列规定:宜采用新型干法窑生产的水泥;应注明水泥中的混合材品种和掺量;用于生产混凝土的水泥温度不宜高于 60 ℃。

B. 粗骨料

a. 粗骨料应符合现行行业标准《普通混凝土用砂、石质量及检验方法标准》(JGJ 52—2006)的规定。

b. 粗骨料质量主要控制项目应包括颗粒级配、针片状颗粒含量、含泥量、泥块含量、压碎指标和坚固性,用于高强混凝土的粗骨料主要控制项目还应包括岩石抗压强度。

c. 粗骨料在应用方面应符合下列规定：

（1）混凝土粗骨料宜采用连续级配。

（2）对于混凝土结构，粗骨料最大公称粒径不得大于构件截面最小尺寸的1/4，且不得大于钢筋最小净距的3/4；对于混凝土实心板，骨料的最大公称粒径不宜大于板厚的1/3，且不得大于40 mm；对于大体积混凝土，粗骨料最大公称粒径不宜小于31.5 mm。

（3）对于有抗渗、抗冻、抗腐蚀、耐磨或其他特殊要求的混凝土，粗骨料中的含泥量和泥块含量分别不应大于1.0%和0.5%；坚固性检验的质量损失不应大于8%。

（4）对于高强混凝土，粗骨料的岩石抗压强度应至少比混凝土设计强度高30%；最大公称粒径不宜大于25 mm；针片状颗粒含量不宜大于5%且不应大于8%；含泥量和泥块含量分别不应大于0.5%和0.2%。

（5）对粗骨料或用于制作粗骨料的岩石，应进行碱活性检验，包括碱-硅酸反应活性检验和碱-碳酸盐反应活性检验；对于有预防混凝土碱-骨料反应要求的混凝土工程，不宜采用有碱活性的粗骨料。

C. 细骨料

a. 细骨料应符合现行行业标准《普通混凝土用砂、石质量及检验方法标准》（JGJ 52—2006）的规定；混凝土用海砂应符合现行行业标准《海砂混凝土应用技术规范》（JGJ 206—2010）的有关规定。

b. 细骨料质量主要控制项目应包括颗粒级配、细度模数、含泥量、泥块含量、坚固性、氯离子含量和有害物质含量；海砂主要控制项目除应包括上述指标外还应包括贝壳含量；人工砂主要控制项目除应包括上述指标外还应包括石粉含量和压碎值指标，人工砂主要控制项目可不包括氯离子含量和有害物质含量。

c. 细骨料的应用应符合下列规定：

（1）泵送混凝土宜采用中砂，且300 μm筛孔的颗粒通过量不宜少于15%。

（2）对于有抗渗、抗冻或其他特殊要求的混凝土，砂中的含泥量和泥块含量分别不应大于3.0%和1.0%；坚固性检验的质量损失不应大于 8%。

（3）对于高强混凝土，砂的细度模数宜控制在 2.6 ~ 3.0，含泥量和泥块含量分别不应大于 2.0% 和 0.5%。

（4）钢筋混凝土和预应力混凝土用砂的氯离子含量分别不应大于 0.06% 和 0.02%。

（5）混凝土用海砂应经过净化处理。混凝土用海砂氯离子含量不应大于 0.03%，贝壳含量应符合表 3-1 的规定。海砂不得用于预应力混凝土。

表 3-1　混凝土用海砂的贝壳含量

混凝土强度等级	≥C60	C55 ~ C40	C35 ~ C30	C25 ~ C15
贝壳含量（按质量计，%）	≤3	≤5	≤8	≤10

（6）人工砂中的石粉含量应符合表 3-2 的规定。

表 3-2　人工砂中的石粉含量

混凝土强度等级		≥C60	C55 ~ C30	C25
石粉含量（%）	MB < 1.4	≤5.0	≤7.0	≤10.0
	MB ≥ 1.4	≤2.0	≤3.0	≤5.0

（7）不宜单独采用特细砂作为细骨料配制混凝土。

（8）河砂和海砂应进行碱 – 硅酸反应活性检验；人工砂应进行碱 – 硅酸反应活性检验和碱 – 碳酸盐反应活性检验；对于有预防混凝土碱 – 骨料反应要求的工程，不宜采用有碱活性的砂。

D. 矿物掺合料

a. 用于混凝土中的矿物掺合料可包括粉煤灰、粒化高炉矿渣粉、硅灰、沸石粉、钢渣粉、磷渣粉；可采用两种或两种以上的矿物掺合料按一定比例混合使用。粉煤灰应符合现行国家标准《用于水泥和混凝土中的粉煤灰》（GB/T 1596—2005）的有关规定，粒化高炉矿渣粉应符合现行国家标准《用于水泥和混凝土中的粒化高炉矿渣粉》（GB/T 18046—2008）的有关规定，钢渣粉应符合现行国家标准《用于水泥和混凝土中的粒化钢渣粉》(GB/T 20491—2006)的有关规定,其他矿物掺合料应符合相关现行国家标准的规定并满足混凝土性能的要求;矿物掺合料的放射性应符合现行国家标准《建筑材料放射性核素限量》(GB 6566)的有关规定。

b. 粉煤灰的主要控制项目应包括细度、需水量比、烧失量和三氧化硫含量,C 类粉煤灰的主要控制项目还应包括游离氧化钙含量和安定性;粒化高炉矿渣粉的主要控制项目应包括比表面积、活性指数和流动度比;钢渣粉的主要控制项目应包括比表面积、活性指数、流动度比、游离氧化钙含量、三氧化硫含量、氧化镁含量和安定性;磷渣粉的主要控制项目应包括细度、活性指数、流动度比、五氧化二磷含量和安定性;硅灰的主要控制项目应包括比表面积和二氧化硅含量。矿物掺合料的主要控制项目还应包括放射性。

c. 矿物掺合料的应用应符合下列规定:掺有矿物掺合料的混凝土,宜采用硅酸盐水泥和普通硅酸盐水泥;在混凝土中掺用矿物掺合料时,矿物掺合料的种类和掺量应经试验确定;矿物掺合料宜与高效减水剂同时使用;对于高强混凝土或有抗渗、抗冻、抗腐蚀、耐磨等其他特殊要求的混凝土,不宜采用低于Ⅱ级的粉煤灰;对于高强混凝土和有特殊要求的混凝土,当需要采用硅灰时,不宜采用二氧化硅含量小于 90%的硅灰。

E. 外加剂

a. 外加剂应符合国家现行标准《混凝土外加剂》(GB 8076—2008)、《混凝土防冻剂》(JC 475—2004)和《混凝土膨胀剂》(GB 23439—2009)的有关规定。

b. 外加剂质量主要控制项目应包括掺外加剂混凝土性能和外加剂匀质性两方面。混凝土性能方面的主要控制项目应包括减水率、凝结时间差和抗压强度比,外加剂匀质性两方面的主要控制项目应包括 pH 值、氯离子含量和碱含量;引气剂和引气减水剂主要控制项目还应包括含气量和 50 次冻融强度损失率比;膨胀剂主要控制项目应包括凝结时间、限制膨胀率和抗压强度。

c. 外加剂的应用除应符合国家现行标准《混凝土外加剂应用技术

规范》(GB 50119—2013)的有关规定外,尚应符合下列规定:

(1)在混凝土中掺用外加剂时,外加剂应与水泥具有良好的适应性,其种类和掺量应经试验确定。

(2)高强混凝土宜采用高性能减水剂;有抗冻要求的混凝土宜采用引气剂或引气减水剂;大体积混凝土宜采用缓凝剂或缓凝减水剂;混凝土冬季施工可采用防冻剂。

(3)外加剂中的氯离子含量和碱含量应满足混凝土设计要求,宜采用液态外加剂。

F. 水

a. 混凝土用水应符合现行行业标准《混凝土用水标准》(JGJ 63—2006)的有关规定。

b. 混凝土用水主要控制项目应包括 pH 值、不溶物含量、可溶物含量、硫酸根离子含量、氯离子含量、水泥凝结时间差和水泥胶砂强度比。当混凝土骨料为碱活性时,主要控制项目还应包括碱含量。

c. 混凝土用水的应用应符合下列规定:

(1)未经处理的海水严禁用于钢筋混凝土和预应力混凝土;

(2)当骨料具有碱活性时,混凝土用水不得采用混凝土企业生产设备洗刷水。

2. 加强配合比控制

(1)混凝土配合比设计应符合现行行业标准《普通混凝土配合比设计规程》(JGJ 55—2011)的有关规定。混凝土配合比设计应满足混凝土配制强度及其他力学性能、拌和物性能、长期性能和耐久性能的设计要求。混凝土拌和物性能、力学性能、长期性能和耐久性能的试验方法应分别符合现行国家标准《普通混凝土拌和物性能试验方法标准》(GB/T 50080—2002)、《普通混凝土力学性能试验方法标准》(GB/T 50081—2002)、《普通混凝土长期性能和耐久性能试验方法标准》(GB/T 50082—2002)的规定。

(2)混凝土配合比设计应采用工程实际使用的原材料;配合比设计所采用的细骨料含水率应小于 0.5%,粗骨料含水率应小于 0.2%。混凝土的最大水胶比应符合现行国家标准《混凝土结构设计规范》

（GB 50010—2002）的规定。除配制 C15 及其以下强度等级的混凝土外，混凝土的最小胶凝材料用量应符合表 3-3 的规定。

表 3-3　混凝土的最小胶凝材料用量

最大水胶比	最小胶凝材料用量（kg/m³）		
	素混凝土	钢筋混凝土	预应力混凝土
0.60	250	280	300
0.55	280	300	300
0.50	320		
≤0.45	330		

（3）矿物掺合料在混凝土中的掺量应通过试验确定。采用硅酸盐水泥或普通硅酸盐水泥时，钢筋混凝土中矿物掺合料最大掺量宜符合表 3-4 的规定，预应力混凝土中矿物掺合料最大掺量宜符合表 3-5 的规定。对于基础大体积混凝土，粉煤灰、粒化高炉矿渣粉和复合掺合料的最大掺量可增加 5%。对于采用掺量大于 30% 的 C 类粉煤灰的混凝土，以实际使用的水泥和粉煤灰掺量进行安定性检验。

表 3-4　钢筋混凝土中矿物掺合料最大掺量

矿物掺合料种类	水胶比	最大掺量（%）	
		采用硅酸盐水泥时	采用普通硅酸盐水泥时
粉煤灰	≤0.40	45	35
	>0.40	40	30
粒化高炉矿渣粉	≤0.40	65	55
	>0.40	55	45
钢渣粉	—	30	20
磷渣粉	—	30	20
硅灰	—	10	10
复合掺合料	≤0.40	65	55
	>0.40	55	45

表 3-5　预应力混凝土中矿物掺合料最大掺量

矿物掺合料种类	水胶比	最大掺量（%）	
		采用硅酸盐水泥时	采用普通硅酸盐水泥时
粉煤灰	≤0.40	35	30
	>0.40	25	20
粒化高炉矿渣粉	≤0.40	55	45
	>0.40	45	35
钢渣粉	—	20	10
磷渣粉	—	20	10
硅灰	—	10	10
复合掺合料	≤0.40	55	45
	>0.40	45	35

（4）混凝土拌和物中水溶性氯离子最大含量应符合表 3-6 的规定，其测试方法应符合现行行业标准《水运工程混凝土试验规程》（JTJ 270）中混凝土拌和物中氯离子含量的快速测定方法的规定。

表 3-6　混凝土拌和物中水溶性氯离子最大含量

环境条件	水溶性氯离子最大含量（水泥用量的质量百分比，%）		
	钢筋混凝土	预应力混凝土	素混凝土
干燥环境	0.30		
潮湿但不含氯离子的环境	0.20	0.06	1.00
潮湿但含有氯离子的环境、盐渍土环境	0.10		
除冰盐等侵蚀性物质的腐蚀环境	0.06		

（5）长期处于潮湿或水位变动的寒冷和严寒环境以及盐冻环境的混凝土应掺用引气剂。引气剂掺量应根据混凝土含气量要求经试验确定，混凝土最小含气量应符合表 3-7 的规定，最大不宜超过 7.0%。

表3-7　混凝土最小含气量

粗骨料最大公称粒径（mm）	混凝土最小含气量（体积百分比，%）	
	潮湿或水位变动的寒冷和严寒环境	盐冻环境
40.0	4.5	5.0
25.0	5.0	5.5
20.0	5.5	6.0

（6）对于有预防混凝土碱－骨料反应设计要求的工程，宜掺用适量粉煤灰或其他矿物掺合料，混凝土中最大碱含量不应大于 3.0 kg/m³；对于矿物掺合料碱含量，粉煤灰碱含量可取实测值的1/6，粒化高炉矿渣粉碱含量可取实测值的1/2。

（7）对首次使用、使用间隔时间超过 3 个月的配合比应进行开盘鉴定，开盘鉴定应符合下列规定：生产使用的原材料应与配合比设计一致；混凝土拌和物性能应满足施工要求；混凝土强度评定应符合设计要求；混凝土耐久性能应符合设计要求。

（8）生产单位可根据常用材料设计出常用的混凝土配合比备用，并应在启用过程中予以验证或调整。遇有下列情况之一时，应重新进行配合比设计：对混凝土性能有特殊要求时；水泥、外加剂或矿物掺合料等原材料品种、质量有显著变化时。

在混凝土配合比使用过程中，应根据混凝土质量的动态信息及时调整。

目前，泵送施工工艺采用极为普遍，对于泵送混凝土，应根据混凝土原材料、混凝土运输距离、混凝土泵与混凝土输送管径、泵送距离、气温等具体施工条件试配。必要时，应通过试泵送确定泵送混凝土配合比。

3. 运输控制

（1）预拌混凝土应采用搅拌运输车运送，混凝土搅拌运输车应符合《混凝土搅拌运输车》（JG/T 5094）的规定。运输车在运输时应能保证混凝土拌和物均匀并不产生分层、离析，并应控制混凝土拌和物性能满足施工要求。对于寒冷、严寒或炎热的天气情况,搅拌运输车的搅拌罐应有保温或隔热措施。

(2)搅拌运输车在装料前应将搅拌罐内积水排尽,装料后严禁向搅拌罐内的混凝土拌和物中加水。

(3)采用搅拌运输车运送混凝土拌和物时,卸料前应采用快挡旋转搅拌罐不少于 20 s。因运距过远、交通或现场等问题造成坍落度损失较大而卸料困难时,可采用在混凝土拌和物中掺入适量减水剂并采用快挡旋转搅拌罐的措施,减水剂掺量应有经试验确定的预案。

(4)当采用泵送混凝土时,混凝土运输应保证混凝土连续泵送,并应符合现行行业标准《混凝土泵送施工技术规程》(JGJ/T 10—2011)的有关规定。混凝土拌和物从搅拌机卸出至施工现场接收的时间间隔不宜大于 90 min。如需延长运送时间,则应采取相应的有效技术措施,并应通过试验验证。

第二节　　施工现场混凝土坍落度

一、问题表现

在混凝土供应过程中,拌和物坍落度时而满足要求,时而变大或变小,不稳定,影响正常施工和混凝土的质量。

二、主要原因

(1)砂石含水率变化,原材料批次变化,铲车司机上料部位变化。

(2)运输车内洗车水未排净,材料计量误差大(尤其是外加剂,包括漏秤)。

(3)原材料(尤其是外加剂)性能发生突变。

三、防治措施

(一)宏观措施

(1)试验室加强砂石含水率的检测频率(规范要求每个工作班不

少于1次,实际应根据天气变化、材料变化适当增加检验次数,包括取样部位的变化),及时调整用水量。

(2)试验室加强配合比的试拌验证并及时调整。

(3)生产部尽量遵从材料先进先用的原则,铲车司机上料尽量控制上中下部位均衡搭配。

(4)司机加强责任心,同时磅房操作员可通过空车的重量是否异常对车内积水是否排净加以控制。

(5)主机操作员、调料员对计量误差进行控制,做到每班检查1次。预拌混凝土标准规定,每盘计量允许偏差:水泥、掺合料为±2%;水、外加剂为±1%;骨料为±3%。累计计量允许偏差:水泥、掺合料、水、外加剂为±1%;骨料为±2%。

(6)电子计量设备由法定计量部门定期检定,确保精度满足要求。生产部确保每月自检1次,每一工作班开始前,应对计量设备进行零点校准。

(7)主机操作员通过监控界面显示的相关信息对出厂质量予以控制,质检员加强出厂检验,对出厂质量予以控制,同时调整配合比。

(二)具体措施

(1)确保骨料堆场为能排水的硬质地面,并有防尘和遮雨设施,以使骨料堆上中下部位含水量基本一致和晴雨天含水量基本一致。

(2)混凝土拌制前,应测定砂、石含水率并根据测试结果调整材料用量,提出施工配合比。

(3)若原材料批次发生变化,应及时复检,根据复检结果及时对配合比进行试拌验证及调整。

(4)当外加剂减水率突然增大时(尤其是聚羧酸减水剂),那么原来配比中的掺量就过大,当减水剂的减水率突然变小时,则可能造成用水量增加;当减水剂中添加的保坍组分或缓凝组分品种、掺量发生突然变化时,可能造成混凝土坍落度经时损失过大,这些均可能使混凝土的工作性能变差。为了预防这些问题的发生,除对每批入场的外加剂进行全面的检验外,还要加强在生产过程中的质量控制,一旦发生用水量突然变化、混凝土离析等现象,一定要迅速查明原因,调整外加剂掺量。

第三节　混凝土凝结时间

一、问题表现

浇筑后的混凝土凝结时间异常,一般表现的比正常凝结时间长,影响混凝土强度的正常发展和施工进度。

二、主要原因

外加剂的性能及掺量不合格,水泥、掺合料与外加剂的相容性有问题,不同季节的外加剂混用。

三、防治措施

(1)试验室加强试验工作,包括水泥、掺合料与外加剂的相容性试验,外加剂的性能试验,外加剂最佳掺量选择试验,混凝土的凝结时间试验等。

(2)领导及各部门加强沟通,及时通报原材料储存情况。比如:夏季购进的缓凝型高效减水剂未用完,进入秋冬季生产时应及时清除或与其他外加剂搭配使用,以避免气温的降低造成混凝土凝结时间的延长。

第四节　拆模后混凝土局部问题

一、问题表现

工程中有时会发现拆除模板后,大面积混凝土凝结正常,但局部未凝固,或者是局部颜色与大面积颜色深浅不一致。

二、主要原因

搅拌时间短、搅拌设备磨损、二次添加外加剂等导致搅拌不均匀。

三、防治措施

(一)宏观措施

(1)确保搅拌时间。预拌混凝土标准要求搅拌时间不应少于 30 s (从全部材料投完算起)。

(2)设备部加强设备零部件的维修更换工作。

(3)在混凝土拌和物中二次添加随车携带的备用减水剂时,应采用快挡旋转搅拌罐不少于 20 s。

(二)具体措施

(1)预拌混凝土搅拌应采用强制式搅拌机,并应符合现行国家标准《混凝土搅拌机》(GB/T 9142)的有关规定。原材料投料方式应满足混凝土搅拌技术要求和混凝土拌和物质量要求。

(2)预拌混凝土搅拌时间应符合下列规定:①对于采用搅拌运输车运送混凝土的情况,混凝土在搅拌机中的搅拌时间应满足设备说明书的要求,并且不应少于 30 s(从全部材料投完算起);②在制备特制品或掺用引气剂、膨胀剂和粉状外加剂的混凝土时,应适当延长搅拌时间。

(3)搅拌应保证预拌混凝土拌和物质量均匀,同一盘混凝土的搅拌匀质性应符合下列规定:①混凝土中砂浆密度两次测值的相对误差不应大于 0.8%;②混凝土稠度两次测值的差值不应大于表 3-8 规定的混凝土拌和物稠度允许偏差的绝对值。

表 3-8　混凝土拌和物稠度允许偏差

坍落度(mm)	设计值	≤40	50~90	≥100
	允许偏差	±10	±20	±30
维勃稠度(s)	设计值	≥11	10~6	≤5
	允许偏差	±3	±2	±1
扩展度(mm)	设计值	≥350		
	允许偏差	±30		

第五节　混凝土现浇板裂缝问题

一、问题表现

混凝土现浇板浇筑硬化后,早期常常出现不规则的裂缝,甚至贯穿整个板厚,影响观感和使用功能。

二、主要原因

未进行二次收面,养护不到位,过早承受荷载。

三、防治措施

(一)宏观措施

技术人员、销售人员、现场质检员、调度员或司机均有责任和义务向施工方提出合理化建议:

(1)应在混凝土终凝前对浇筑面进行抹面处理(二次收面)。

(2)在混凝土强度达到 1.2 MPa 前,不得在其上面踩踏行走(施工放线、堆放重物)。

(3)表面及时用塑料薄膜覆盖,确保潮湿养护时间不少于 7 d。

(二)具体措施

(1)在混凝土浇筑及静止过程中,应在混凝土终凝前对浇筑面进行抹面处理(二次收面)。

(2)在混凝土临近初凝时进行二次振捣,以提高混凝土的密实度。

(3)混凝土构件成型后,在强度达到 1.2 MPa 以前,不得在其上面踩踏行走。

(4)加强养护:

①生产和施工单位应根据结构、构架或制品情况,环境条件,原材料情况以及对混凝土性能的要求等,提出施工养护方案或生产养护制

度,并严格执行。

②混凝土施工可采用浇水、覆盖保湿、喷涂养护剂、冬季蓄热养护等方法进行养护,选择的养护方法应满足施工养护方案或生产养护制度的要求。

③采用塑料薄膜覆盖养护时,混凝土全部表面应覆盖严密,并应保持膜内有养护水;采用养护剂养护时,应通过试验检验养护剂的保湿效果。对于混凝土浇筑面,尤其是平面结构,宜边浇筑成型边采用塑料薄膜覆盖保湿。

④混凝土施工养护时间应符合下列规定:对于采用硅酸盐水泥、普通硅酸盐水泥或矿渣硅酸盐水泥配制的混凝土,采用浇水和潮湿覆盖的养护时间不得少于 7 d。对于采用粉煤灰硅酸盐水泥、火山灰质硅酸盐水泥、复合硅酸盐水泥配制的混凝土,或掺加缓凝剂的混凝土以及大掺量矿物掺合料混凝土,采用浇水和潮湿覆盖的养护时间不得少于 14 d。对于竖向混凝土结构,养护时间宜适当延长。对于大体积混凝土,养护过程应进行温度控制,混凝土内部和表面的温差不宜超过 25 ℃,表面与外界温差不宜大于 20 ℃。

⑤对于冬季施工的混凝土,养护应符合下列规定:日均气温低于 5 ℃时,不得采用浇水自然养护方法;混凝土受冻前的强度不得低于 5 MPa;模板和保温层应在混凝土表面温度与外界温度相差不大于 20 ℃时拆除,拆除后的混凝土亦应及时覆盖,使其缓慢冷却;混凝土强度达到设计强度等级的 50% 时,方可拆除养护措施。

第六节　混凝土墙碳化深度及实体强度

一、问题表现

实体工程验收时,检测单位对工程实体混凝土强度采用非破损方法——回弹法进行检测,往往出现混凝土碳化深度大,尤其是混凝土剪力墙碳化深度常常大于 6 mm,导致混凝土回弹强度达不到设计要求。

二、主要原因

模板拆除过早,缺乏养护。

三、防治措施

建议施工单位按规范施工。墙体模板拆除时,应保证其表面和棱角不受损伤。

第七节　混凝土标养试块及现场实体强度

一、问题表现

表现形式一:混凝土标养试块强度满足设计要求,现场实体强度达不到设计要求。

表现形式二:混凝土标养试块及现场实体强度均达不到设计要求。

二、主要原因

第一种情况主要原因在于施工方。现场加水,模板拆除过早、缺乏养护等。

第二种情况主要原因在于搅拌站。错用配比,错用材料,生产任务单信息错误(报错强度等级),浇错部位或外加剂性能发生突变等。

三、防治措施

针对第一种情况可采取如下措施:

(1)阻止施工人员随意向混凝土中加水并说明理由,必要时留下影像资料或其他证据。

(2)建议施工方按规范施工,适当延长拆模时间并加强养护。

（3）质检员现场交货检验时，所留置的试块应由监理、施工及商品混凝土搅拌站各方共同见证并签字。

此外，可能检测方法存在误差或检测数据不公正。可由商品混凝土搅拌站试验室与第三方检测单位进行沟通。

如果发生第二种情况，应属于严重的质量事故。为了避免此类事故的发生，应采取以下措施：

（1）加强相关人员的责任心。

（2）当外加剂减水率突然变小时，可能造成用水量增加，改变了水胶比，造成强度下降。应对措施：除对每批进场的减水剂进行全面的检验外，还要加强在生产过程中的质量控制，一旦发生用水量突然变化，一定要迅速查明原因，调整外加剂掺量。当减水剂中引气组分含量、品种发生突然变化时，可能造成混凝土中含气量过高，引起混凝土强度的大幅度下降。应对措施：经常检测混凝土的含气量或容重，如果发生明显变化，就需要通知外加剂供应商进行调整。

第八节　质量纠纷

一、问题表现及原因

多数质量纠纷都是在索要尾款时发生的，在供应混凝土过程中，施工方因需要混凝土公司的配合和支持，只要不是什么重大的质量问题，轻易不会提出索赔要求。

二、防治措施

预防混凝土质量纠纷发生的最有效办法就是，销售部门在签订合同中要明确约定质量的验收方式（如强度以标养 28 d 的见证试块强度为准），确认质量问题的办法（如双方共同委托检测单位），提出质量索赔的时间（如 28 d 强度出来 3 d 内）。

第九节 混凝土供货量争议

一、问题表现

工程混凝土供货结束后,预拌混凝土搅拌站要与施工单位就供货量进行核对,往往施工方可能会以混凝土亏方为由向搅拌站提出异议,甚至要求索赔。

二、主要原因

第一种情况:商品混凝土搅拌站试验室在设计混凝土配合比时,对所用各种原材料的表观密度估计有偏差,使混凝土的计算表观密度与实测表观密度不一致,超出了《普通混凝土配合比设计规程》(JGJ 55—2011)允许的偏差范围,但未按规程要求对配合比进行修正,最终对需方造成混凝土亏方。

第二种情况:施工方所支模板不规范,有跑模、胀模现象;施工方把混凝土用在合同外的工程部位;浇筑基桩、路面或基础垫层时,桩孔、路面或基础垫层的基层尺寸不规则或不平整等。此外,需方未按下述方法计算混凝土供货量:混凝土供货量以体积(m^3)计。

三、防治措施

《普通混凝土配合比设计规程》(JGJ 55)明确规定:混凝土供货量以体积(m^3)计。应由运输车实际装载的混凝土拌和物质量(运输车卸料前后的质量差)除以混凝土拌和物的表观密度求得。供货量以运输车的发货总量计算。如需要以工程实际量(不扣除混凝土结构中的钢筋所占体积)进行复核,其误差应不超过 ±2% 。很显然,混凝土供货量应由运输车实际装载的混凝土拌和物质量(运输车卸料前后的质量差)除以混凝土拌和物的表观密度求得,可以工程实际量进行复核,而不是要求供货量可以工程实际量进行计算。因此,可采取如下防治措施:

（1）试验室准确测定混凝土拌和物的表观密度，与计算表观密度作比较，及时修正配合比。

（2）司机、现场质检员应留意混凝土是否用于合同外的其他工程部位，现场是否有严重的抛洒，实际浇筑部位模板是否严重漏浆，基层表面是否坑坑洼洼、凹凸不平等，并做记录。

质量属全员意识，很多质量问题都是多个环节、多种因素、多个部门的集合，不能独立分开。因此，各个部门应相互协调，尽职尽责，共同努力，在确保质量的前提下，使公司利益最大化。

第四章 预拌混凝土企业
试验室管理要点

第一节 概 述

随着国家农村改造及城市的革新和大规模基础设施的建设,对预拌混凝土的需求量逐年提高。预拌混凝土厂家日益增多的同时,也暴露出了许多问题,尤其是混凝土的质量问题。预拌混凝土企业试验室作为企业的技术部门和质量控制部门,对混凝土的质量控制起着决定性的作用。预拌混凝土企业试验室除完成日常的试验检测、资料整理、报告签发等任务外,还需对混凝土的生产、运输、浇筑、养护等全过程进行直接或间接控制,需要参与合同评审,技术交底,原材料的选择,进厂验收,混凝土配合比的设计、试配及确定,混凝土生产配合比的选定、调整,混凝土搅拌参数的制定,还包括施工现场的技术沟通,对浇筑、养护情况的建议,对工程质量问题的调查分析等。可以说,对内和每个部门均有联系,贯穿于整个生产活动中;对外,是预拌混凝土企业的技术交流和质量管理的代表。所以,加强预拌混凝土企业的管理,对促进预拌混凝土企业产品质量的提高、保证建筑工程的质量安全具有十分重要的意义。

第二节 预拌混凝土企业试验室的特点

预拌混凝土企业试验室一般作为预拌混凝土企业的质量控制部门,首先需完成的是企业的试验检测工作,同时应根据检测结果向施工单位提供与混凝土相关的质量检测数据,作为本企业预拌混凝土质量合格的依据,满足工程验收的要求。因此,试验室必须获得企业的授权委托,保证检测工作的独立进行,不受其他经济、社会因素的干扰,保证其试验数据的真实性和公正性,同时预拌混凝土企业试验室满足开展工作的要求,并接受建设监督管理部门的监督。

预拌混凝土企业试验室作为预拌混凝土企业的质量控制部门,对产品的质量和企业成本控制起着至关重要的作用。对试验室的质量控制工作,可用三句话来概括,即"不进不良品,不产不良品,不出不良品"。也就是说,试验室的质量控制工作贯穿于整个生产活动中。试验室管理的好坏及工作流程的顺畅与否与企业的效益密不可分。只有对试验室进行有效、科学、规范的管理,才能达到保证混凝土质量、降低生产成本、提高企业效益的目的。

第三节　预拌混凝土企业试验室的管理要求

一、仪器设备

(一)仪器设备的配备

试验室仪器设备的配备,应结合检测工作的实际需要来进行。对于使用频繁和生产关系较紧密的试验设备必须配备,如水泥的净浆搅拌机、维卡仪、胶砂搅拌机、振实台、抗折试验机、压力机等。但对于一些检测效率不高的项目,如混凝土抗折强度、粉煤灰的游离氧化钙等,可以考虑委托专业检测机构进行试验。另外,预拌混凝土企业试验室更多面对的是产品的物理性能,如抗压强度、抗折强度、抗渗性能、抗冻性能、收缩等,因而一些比较专业且对试验精度要求较高的化学分析试验,如氯离子含量、碱含量等,可以考虑委托专门检验机构进行试验。这样既保证了试验结果的准确性(因为预拌混凝土试验员的培训也是集中于物理性能方面的试验,很少有专门的化学分析试验相关人员),也可以降低试验设备购置、检定和保养的成本。总之,试验室应根据自身情况合理配备仪器设备。

（二）仪器设备的管理

1. 仪器设备的布置和使用

仪器设备的布置应结合试验室的整体布置。如水泥试验相关仪器应集中于水泥室，以方便试验；对环境要求较高的精密仪器，应远离震动和噪声较大的仪器并避免无关人员接触；对于高温仪器，如烘箱、沸煮箱、高温炉等，应考虑其通风散热且注意对其他设备的影响；对于需要经常使用和清洗的设备，如搅拌机，应就近水源并应有沉淀收集池。

仪器设备的使用应由专人操作。操作人员应熟悉设备的操作方法、适用范围等，仪器设备的使用方法应放置在明显位置，对于仪器设备的使用，应作好记录。在试验过程中发生的异常情况要及时处理。一些需要常开的设备，如养护室、恒温恒湿养护箱等，应每天记录其工作状态，并及时补水，避免设备空转烧坏。

2. 仪器设备的检定、维护

仪器设备本身的准确度直接影响到试验数据的准确性。只有严格按照周期由法定技术监督部门对其进行计量检定，才能保证设备的准确度和精确度，从而保证检测工作的质量。对于仪器设备的检定周期都有相关规定，在此就不详述了，需要注意的一点是，除对仪器设备的检定外，对于一些工具也需要检定，如量筒、直尺、温度计等，还有包括试模的垂直度、平整度等的自检也很重要，因为这些也直接影响了检测工作的准确性，有时候往往因为这些细节的疏忽造成了检测工作的失误。

仪器设备的日常维护应遵循"谁使用，谁维护"的原则，同时应制订保养计划，定期对设备进行保养。一般应在年底对设备进行集中保养，并可由企业相关部门的机修人员来协助完成，通过维护和保养来提高设备的使用寿命。

二、人员配备

鉴于预拌混凝土企业试验室的特殊性，人员的配备不仅要满足监测工作的需要，还必须满足企业连续生产的需要。所以，一般试验室的人员分为试验员和质检员两部分。试验员的配备应满足建设行政主管部门的要求,一般来说,二级资质企业试验室的试验员不少于8人,三级资质企业试验室的试验员不少于5人。质检员可以由试验员兼任或设置专门的质检人员。无论采取哪种方法,都应满足连续生产的需要。

(一)人员的素质

试验室主任应具有相关专业中级以上职称,二级资质企业试验室主任应具有5年以上从事建材检测及预拌混凝土生产的工作经历,三级资质企业试验室主任应具有3年以上从事建材检测及预拌混凝土生产的工作经历。技术负责人、试验室主任、试验员均应通过相关培训,并持证上岗。专职质检员应通过企业培训,并掌握预拌混凝土的基础知识。

(二)人员的分工

试验室人员的分工应遵循"一专多能"的原则,即每个岗位都要有专人负责,同时其他人员也应熟悉该岗位的工作流程和操作规程。试验室的具体岗位有技术负责人、主任、试验员、资料员、样品保管员、设备管理员等。试验员的分工应保证每一检测项目有专人负责,在力所能及的情况下,可以安排一人负责多项检测项目。可以由负责该检测项目的试验员负责相应的设备、样品的管理。资料的汇总和发放、留存应有专人负责。表4-1的试验室人员配备和分工可供参考。

表4-1　试验室人员配备和分工

序号	工作内容	人员配备(人)	备注
1	水泥、粉煤灰、矿粉、外加剂	1~3	
2	粗细骨料	1	
3	混凝土	1	
4	混凝土生产控制	2~4	满足连续生产
5	资料整理	1	

(三)人员的培训、考核

作为预拌混凝土的核心技术部门,试验员的技术能力和综合素质对产品的质量控制影响重大,所以除在招聘时注意人员素质外,还应对其进行持续培训和考核。

培训考核的内容包括:

(1)加强对质量意识的培训。在建站初期,往往都对质量特别重视,但是随着时间的推移,原材料逐渐稳定,生产控制过程越来越程序化,人的惰性和侥幸心理逐渐滋生,在质量控制的某些环节上可能比较放松,从而给产品质量留下隐患,这就需要我们注意加强质量意识的培训教育,还可以结合一些质量事故展开分析讨论,找出其发生的原因,从而避免重复出现此类问题。

(2)开展技术质量分析会议,了解有关预拌混凝土的新知识、新材料、新技术,提高技术人员的创新和技术攻关能力。

(3)组织试验员参加新标准、新规范的学习。近年来,混凝土相关标准、规范的更新速度较快,需关注相关动态,及时收集资料,组织学习。

(4)对现场沟通和处理问题能力的培养。作为质量控制的全过程,现场交货也是个重要环节,作为公司的技术员,必须做好与现场的技术沟通,同时提高处理现场问题的能力。

(5)人员的安全培训。试验室的设备较多,应特别注意防止触电、机械伤害等。在搬运放置试块时,要注意防止掉落砸伤。在施工现场要戴安全帽,注意观察周围情况,保证人身安全。

(6)人员的考核。除对试验员的知识、技能等进行考核外,更主要的是对其责任心和工作态度的考核,对于不能安心在试验室工作的需及早清退,避免成为其他企业的免费人才培训基地。

三、预拌混凝土企业试验室工作内容及流程

(一)原材料检测

作为产品质量控制的第一关,原材料的质量直接决定着产品的质量。预拌混凝土的主要原材料包括水泥、粉煤灰、矿粉、外加剂、砂子、

石子等。其中,对混凝土质量性能影响较为明显的有水泥强度、粉煤灰细度、矿粉的活性指数,外加剂的减水率及水泥、粉煤灰、矿粉与外加剂的适应性,砂、石的颗粒级配、含泥量、砂子的细度模数等。由于进行这些检测项目的检测时间不相同,因而应采取不同的控制流程。

(1)砂、石的颗粒级配、含泥量、泥块含量及砂子的细度模数。这些试验在48 h内均可以完成,且有经验的试验员可以对其进行目测,因而砂、石可做到每车必检,目测不合格的直接退回,目测合格的方可卸至料场,然后按标准规定批次进行检测。

(2)粉煤灰的细度、外加剂的适应性都可以在较短的时间内完成试验。所以,这两项也应该每车必检,检验合格后方可卸料,同时按标准规定批次进行其他项目的检验。

(3)水泥强度须经3 d、28 d才可以得出结论,明显不可能在完成试验后再使用。在初次使用某种水泥时,必须完成安定性、凝结时间及3 d、28 d强度试验,且注意积累其3 d、28 d强度的相关数据。对连续使用的、生产质量较为稳定的水泥,可以根据其材料证明文件,并按标准规定批次完成安定性及凝结时间试验后再投入使用,同时做好其强度试验和根据工程需要进行的其他项目的检验,这样既保证了生产的连续性需要,又可以控制水泥质量。

(4)矿粉一般以其比表面积进行控制,可以做到每车必检,合格后方准卸料,同时按标准规定批次进行活性指数等其他项目的检验。对于初次使用的矿粉,必须在其7 d及28 d活性指数合格后方可使用。

(二)配合比控制

(1)试验室配合比设计。试验室应根据原材料情况、混凝土强度等级、施工方法、耐久性要求、施工季节等因素进行试验室的配合比设计。配合比设计应满足《普通混凝土配合比设计规程》(JGJ 55—2011)等相关规范要求,在设计时应保留足够的富裕强度,在满足各项质量性能的前提下,尽可能降低成本。

(2)生产配合比调整。在每次生产前,应根据砂、石含水情况进行相应调整,目前由于砂中小石子含量较多,还需根据砂中含石量情况,对砂率进行调整。在生产过程中应随时观察混凝土情况,并对混凝土配合比进行相应的调整。

(三)生产施工过程控制

(1)在预拌混凝土生产过程中,由试验室协同企业其他部门进行质量控制。主要包括生产计量设备的确认、混凝土配合比的使用、原材料计量误差的监控、混凝土的取样检测及样品留置等。由于原材料的匀质性问题,应随时根据变动情况及技术储备进行相应调整,以确保混凝土质量。

(2)由于预拌混凝土产品的特殊性,即到达工地后需经浇筑、振捣成型、保湿养护后才能成为最终的建筑产品,因此现场混凝土的质量受很多因素影响,如浇筑时的施工条件,现场的温度、湿度,浇筑后的养护情况及用于评价现场混凝土质量的试块的留置养护、试验情况等。为减少上述影响,在混凝土施工过程中,试验室应组织技术人员与施工方做好技术沟通。对于特殊混凝土或重要工程,在浇筑前应提前制订混凝土供应方案,对现场施工过程中涉及影响混凝土质量的环节做好技术建议,在现场施工发现问题时应及时向施工方反映并作好记录。

(四)质量分析及技术资料整理

(1)对于原材料、配合比及生产施工过程的控制属于事前、事中控制,其效果如何,需根据试验室所留置的试块检测结果,结合工程实体质量进行评价。评价方法主要是采用统计分析方法,依据《混凝土强度检验评定标准》(GB/T 50107—2010)对各强度等级的混凝土进行评定,然后根据评定结果确定企业的生产控制水平,进而对混凝土配合比进行优化设计,使混凝土配合比既能保证质量,又经济合理。

(2)资料管理包括内部试验资料、工作记录及对外发放的混凝土质量证明资料,其工作量比较大,因而需要安排专人对资料定期及时收集,内部试验资料应按日期、类别分类整理,对外发放的资料按工程、日期进行分类整理,并按规定的年限保存,以备查找。

附件一：

《混凝土质量控制标准》(GB 50164—2011)规定：混凝土生产控制水平可按强度标准差(S_{fcu})和实测强度达到强度标准值组数的百分率(P)表征。混凝土强度标准差(S_{fcu})应按下式计算，并宜符合附表1-1的规定。

$$S_{fcu} = \sqrt{\frac{\sum\limits_{i=1}^{m} f_{cu,i}^2 - nm_{fcu}^2}{n-1}}$$

式中　S_{fcu}——混凝土强度标准差，精确到 0.1 MPa；

　　　　$f_{cu,i}$——统计周期内第 i 组混凝土立方体试件的抗压强度值，精确到 0.1 MPa；

　　　　m_{fcu}——统计周期内 n 组混凝土立方体试件的抗压强度的平均值，精确到 0.1 MPa；

　　　　n——统计周期内相同强度等级混凝土的试件组数，n 值不应小于 30。

附表1-1　混凝土强度标准差　　　　（单位：MPa）

生产场所	强度标准差 S_{fcu}		
	< C20	C20 ~ C40	≥ C45
预拌混凝土搅拌站	≤3.0	≤3.5	≤4.0

实测强度达到强度标准值组数的百分率(P)应按下式计算，且 P 不应小于95%：

$$P = (n_0/n) \times 100\%$$

式中　P——统计周期内实测强度达到强度标准值组数的百分率，精确到 0.1%；

　　　　n_0——统计周期内相同强度等级混凝土达到强度标准值的试件组数。

预拌混凝土搅拌站的统计周期可取 1 个月。

附件二：

《混凝土强度检验评定标准》(GB 50107)规定:混凝土强度的评定方法有三种:统计方法一(即标准差已知的统计方法)、统计方法二(标准差未知的统计方法)及非统计方法。

1. 用统计方法一评定

当连续生产的混凝土,生产条件在较长时间内能保持一致,且同一品种、同一强度等级混凝土的强度变异性保持稳定时,应按统计方法一评定混凝土强度。

用此方法评定混凝土强度时,应由连续的 3 组试件组成一个验收批,其强度应同时满足下式要求:

$$m_{\mathrm{fcu}} \geqslant f_{\mathrm{cu,k}} + 0.7\sigma_0$$

$$f_{\mathrm{cu,min}} \geqslant f_{\mathrm{cu,k}} - 0.7\sigma_0$$

检验批混凝土立方体抗压强度的标准差应按下式计算:

$$S_{\mathrm{fcu}} = \sqrt{\frac{\sum\limits_{i=1}^{m} f_{\mathrm{cu,i}}^2 - n m_{\mathrm{fcu}}^2}{n-1}}$$

当混凝土强度等级不高于 C20 时,强度的最小值尚应满足下式要求:

$$f_{\mathrm{cu,min}} \geqslant 0.85 f_{\mathrm{cu,k}}$$

当混凝土强度等级高于 C20 时,强度的最小值尚应满足下式要求:

$$f_{\mathrm{cu,min}} \geqslant 0.90 f_{\mathrm{cu,k}}$$

式中　m_{fcu}——同一验收批混凝土立方体抗压强度的平均值,$\mathrm{N/mm^2}$;

　　　$f_{\mathrm{cu,k}}$——混凝土立方体抗压强度标准值,$\mathrm{N/mm^2}$;

　　　σ_0——验收批混凝土立方体抗压强度的标准差,$\mathrm{N/mm^2}$;

　　　$f_{\mathrm{cu,min}}$——同一验收批混凝土立方体抗压强度的最小值,$\mathrm{N/mm^2}$。

注:上述检验期不应小于 60 d,也不得大于 90 d,且在该期间内强度数据的总批数不少于 15。

2. 用统计方法二评定

当混凝土的生产条件在较长时间内不能保持一致,且混凝土强度变异性不能保持稳定性时,或在前一个检验期内的同一品种混凝土没有足够的数据用以确定验收批混凝土立方体抗压强度的标准差时,应由不少于 10 组的试件组成一个验收批,其强度应同时满足下列公式的要求:

$$m_{f\text{cu}} \geqslant f_{\text{cu,k}} + \lambda_1 S_{f\text{cu}}$$

$$f_{\text{cu,min}} \geqslant \lambda_2 f_{\text{cu,k}}$$

式中 $S_{f\text{cu}}$——同一验收批混凝土立方体抗压强度的标准差,N/mm^2,当 $S_{f\text{cu}}$ 的计算值小于 $2.5 \ \text{N/mm}^2$ 时,取 $2.5 \ \text{N/mm}^2$;

λ_1, λ_2——合格判定系数,按附表 1-2 取用。

附表 1-2　混凝土强度的合格判定系数

试件组数	10 ~ 14	15 ~ 19	≥20
λ_1	1.15	1.05	0.95
λ_2	0.90	0.85	

同一验收批混凝土立方体抗压强度标准差($S_{f\text{cu}}$)可按下列公式计算:

$$S_{f\text{cu}} = \sqrt{\frac{\sum\limits_{i=1}^{m} f_{\text{cu},i}^2 - n m_{f\text{cu}}^2}{n - 1}}$$

式中 $f_{\text{cu},i}$——第 i 组混凝土试件的立方体抗压强度值,N/mm^2;

n——一个验收批混凝土试件的组数。

3. 用非统计方法评定

当用于评定的样本容量小于 10 组时,应采用非统计方法评定混凝土强度。按非统计方法评定混凝土强度时,其强度应同时满足下列要求:

$$m_{f\text{cu}} \geqslant \lambda_3 f_{\text{cu,k}}$$

$$f_{\text{cu,min}} \geqslant \lambda_4 f_{\text{cu,k}}$$

式中　λ_3,λ_4——合格评定系数,按附表 1-3 取用。

附表 1-3　混凝土强度的非统计法合格评定系数

混凝土强度等级	< C60	≥ C60
λ_3	1.15	1.10
λ_4	0.95	

　　混凝土强度的合格性判断:当混凝土强度检验结果能满足上述统计方法一或统计方法二或非统计方法评定的规定时,则该批混凝土强度判为合格;当不能满足上述规定时,则该批混凝土强度判为不合格。

第四节　总　结

　　作为预拌混凝土企业的核心技术部门,加强企业内部试验室的管理,对于保证混凝土质量、降低生产成本起着举足轻重的作用。只有采用科学的管理方法,制定切实有效的管理制度,同时注意摸索预拌混凝土的特性和规律,才能提高工作效率,起到事半功倍的作用。

第五章　预拌混凝土
质量问题的维权

第一节　概　述

　　2003年国家四部委(商务部、公安部、建设部、交通部)共同发文推广使用预拌混凝土至今已十多年了,我国的预拌混凝土产量和企业数量在这十多年里迅速增长,全国多数地区均已出现产能过剩、市场供过于求的现状。随着"十八大"对城市化改造和农村城镇化建设的推进,预拌混凝土行业迎来了新的发展机遇,但国家宏观经济增速的趋缓和房地产仍将严格的调控,给预拌混凝土行业的发展带来了更大的压力。而对于企业来说,由于行业管理的不协调、建筑市场的不规范、预拌混凝土产品的特殊性、市场的恶性竞争、原材料品质不稳定等因素,导致混凝土质量问题层出不穷。针对这一行业现象,本章将从混凝土产品质量问题的形成原因、合法有效维权的具体措施等方面进行全面阐述。

第二节　预拌混凝土产品质量问题的形成原因

一、市场原因

(一)产能过剩

　　经过一些行业媒体和协会组织的深入调研与统计后得出,过去多地出现了混凝土行业产能严重过剩现象,2011年全年产能仅仅发挥了不到四成。由于国家宏观政策的导向及相当一部分地区盲目投资建设预拌混凝土搅拌站,2012年、2013年混凝土行业经济运行环境相对复杂,诸多问题和挑战依然存在。

(二)低价中标

从正面来看,低价中标能最大限度地节约建设资金,使招标人获得最大的投资收益。但实践表明,由于种种原因,最低价中标法的应用往往走样变形,背离初衷,问题颇多。

最低价中标容易导致采供矛盾。最低投标价中标,能定量的只有投标报价是否最低。在目前供大于求的现状下,采购人或采购代理机构要求最低报价为成交供应商的唯一依据。供应商为了谋取项目中标,只能将投标报价压到最低极限。一旦中标,为了完成中标项目,而又要不亏本,供应商就只好在产品质量和服务上打主意了。故最低价中标不等于好的产品质量与服务。

(三)带资、垫资供货

从混凝土市场客观存在来说,带资、垫资供货在当前有其必然性;从企业主管上分析亦有其可行性,否则难以解释其存在的广度、深度和时间上的持续性。但混凝土市场化程度高,管治相对宽松。各企业对达到盈亏平衡点的焦虑和达到预定目标量的追求,使得这一过程中问题层出不穷,而对建筑商、开发商设计的一个个陷阱,不乏有奋不顾身、争先跳入的"勇士",最后导致企业运营艰难。

二、行业原因

(一)预拌混凝土质量事故不断

企业为追求利润,盲目降低生产成本、偷工减料,导致施工配制强度有名无实。在实际工作中,我们发现这已经不是个别现象。预拌混凝土在推广应用过程中存在不少质量问题(如强度不足、裂缝现象等),影响了工程质量。

案例1:北京大兴区拆迁安置房事故

轰动一时的北京大兴区拆迁安置房事故曝光后,大家才知道如此严重的偷工减料质量问题。北京市大兴区建设部门在对保障房项目的督查中发现,某经济适用住房项目住宅工程被检出混凝土试块强度严重不达标。该豆腐渣工程已被责令拆除重建,这是北京首次出现在建楼因质量问题被拆除重建的案例。

案例2:深圳海砂危楼事件

2013年3月,央视"3·15"曝光了深圳海砂危楼:深圳曝出居民楼房楼板开裂、墙体裂缝等问题。调查结果显示,问题的根源就是建设时使用大量海砂。海砂中超标的氯离子将严重腐蚀建筑物中的钢筋,甚至倒塌。无良心的开发商选择使用未处理的海砂配制预拌混凝土。

(二)监管不力

由于行业主管部门监管不力,混凝土企业新增产能不断增加,导致产能过剩,市场恶性竞争,低价倾销、垫资甚至带资供应混凝土,最后造成了市场混乱。预拌混凝土行业主管部门对混凝土质量隐患有着不可推卸的责任。其中,部分省市预拌混凝土行业的资质归口管理部门是建设主管部门,而产品质量归口部门是技术监督局。

(三)发展过快

混凝土行业发展趋势是推广预拌混凝土替代传统自拌混凝土,但施工方观念却未转换,缺乏对专业施工浇筑工人进行相关培训,放任其随意违规施工,造成质量事故不断。另外,行业监理严重失职,未真正发挥旁站作用。

三、企业原因

(1)经营者质量意识不强。

企业经营者是决定产品质量的关键人物。大多数企业的经营者无质量意识,只图眼前利益,只关心如何快速地把企业做大做强。

(2)为确保企业有利可图,采购劣质原材料,实现利润最大化,殊不知眼前小利将企业带入深渊,不能正常运营,最后被市场淘汰。

(3)降低混凝土设计强度等级。

许多工程的混凝土实际强度达不到设计要求,部分甚至达不到规范的构造要求,其中大多数是人为造成的,为降低成本牺牲强度而争取利润,给工程带来安全质量隐患。主要影响有:

①对钢筋混凝土结构构件的各项性能均有影响,不仅会降低构件的强度、影响构件的承载力,还会降低结构的刚度,造成变形。

②损害客户直接利益,影响企业形象。

③在行业中造成不良影响。

四、技术实力薄弱

预拌混凝土生产工艺简单、技术含量不高,所以忽略了对技术人才的重视与培养,造成生产技术岗位工作人员名不副实;混凝土企业的生产管理非常重要,许多企业没有合理地搭建组织体系,导致企业内部管理混乱。

五、其他因素

运输过程中的突发事件及现场违规施工等原因都可能造成安全隐患。

第三节　进行合法有效维权的具体措施

一、企业层面

混凝土企业的健康发展之路为"整合—优化—提高—发展—做强—再整合"的良性循环发展之路。以自身的基础条件出发做大做强,确保质量管理体系有效运行。

(1)加强原材料质量控制,严把原材料质量关。企业要加强原材料进场的监管,严格控制原材料质量,作好原材料进场验收记录。所有原材料在使用前,必须根据相关技术标准的要求进行检验,合格后方可使用,对质量检验不合格的原材料要坚决进行退场处理。

(2)优化配合比,杜绝阴阳配比。混凝土计算配合比的确定—试拌调整—强度复核—配合比的换算调整,各种因素要考虑的全面,运用的恰当。混凝土配合比的优化是建立在科学的施工应用基础之上的,只有科学规范的施工,才能从中获得效益,降低成本,达到优化的目的。所以,科学的应用混凝土配合比,才是优化配合比的关键所在。

(3)确保计量系统准确。完善管理,加强电脑控制系统的定期检查与维护,充分保证混凝土拌和计量准确度,并确保混凝土拌和物质量。合理控制好出厂预拌混凝土质量。为了保证预拌混凝土的质量，应对出厂的混凝土质量进行检验，发现质量波动时，应对生产配合比进行调整，以便配制出坍落度满足要求、和易性良好的混凝土，且强度、耐久性均满足设计要求，经济合理。

（4）对违章加水拍照取证。对在施工现场随意加水等违规作业现象要及时拍照取证，以便在发生争议时充分发挥作用。

（5）施工、监理、混凝土企业三方见证取样。做好预拌混凝土站、施工方、监理方三方现场交货验收和在浇筑地点见证取样制作混凝土试块等工作，通过现场制作试块，现场标准养护或现场同条件养护，跟踪养护送检，这样得到的混凝土强度结果更具说服力。

（6）施工、养护有效跟进，作好相关记录。为确保新浇筑的混凝土有适宜的硬化条件，防止在早期由于干缩而产生裂缝，应加强养护，并作好相关记录。

二、协会层面

承接政府职能，更好发挥行业协会作用。混凝土行业协会使命：集协会之智慧、破行业之难题、拟破解之方案、维行业之利益。

协会具体措施：引导行业自律，倡导有序竞争，使预拌混凝土价格合理回归；加强预拌混凝土质量资质培训，提高从业人员质量意识；组织人员加强对各企业的原材料、产品质量进行抽检；协助主管部门抽调企业骨干，成立专家组，负责本区域的质量事故的处理与原因分析，不定期对施工单位进行现场施工检查，提高行业规范操作。

三、行业层面

预拌混凝土行业的参与者——供应商、预拌混凝土企业、建筑企业应统一协作，互惠互利。规范引导建筑业、监理、施工企业正确施工、杜绝违章；对质量事故的认定持科学正确态度，不轻易将风险转嫁给预拌混凝土企业；加强管理培训，提高从业人员质量意识；加强行业监督，确保行业健康发展。

第四节　总　结

预拌混凝土行业快速发展,伴随着机会与挑战。国内的建筑施工市场的竞争环境将日益激烈,作为上游供应商的预拌混凝土企业必将越来越多地承受施工企业转移的各种压力和风险。

一、企业层面要做到的工作

(1)树立品牌发展战略,提高企业品牌的含金量,不断提升企业的品牌知名度。

(2)实行科技创新战略,占领市场,引导企业良性发展。

(3)实行精细化管理,强化企业的现场管理和绩效管理,提高管理效率,落实管理责任。

(4)提升企业文化,提高从业人员的企业精神及文化信念,为企业发展提供持续的推动力。

二、行业协会要做到的工作

(1)抓好行业整治,规范行业管理,促进行业有序发展。

(2)倡导遵守行业标准,促进和提高产品品质。

(3)加强行业自律,开展行业诚信建设,共同应对不诚信行为,以科学发展观引领行业向纵深发展。

有效、合法地进行预拌混凝土质量的维权工作,关键在于创造一个良好的行业自律环境,而作为行业的参与者,无论是供应商、预拌混凝土企业还是建筑企业,都应做好自律工作,才能有序地推进行业的发展。

第六章　预拌混凝土行业发展现状分析

第一节　背景分析

全国混凝土行业从业人数超过 500 万人,已成为国民经济中的一个重要产业。预拌混凝土则是混凝土行业的主力军,近年来的特大工程、重点工程、重要结构几乎都采用了预拌混凝土,如城市重大基础设施建设项目、市政工程、公路和铁路交通、跨海大桥、核电、军工、港口、冶金等几乎无一例外都使用了预拌混凝土,预拌混凝土在国民经济的建设和发展中发挥着巨大的作用。

但是金融危机的影响和政府的政策调控,严重打压了房地产市场和基础建设工程的进度,从而波及商品混凝土产量和企业的生存。原材料和人工成本不断上升,利润直线下降,需求量忽上忽下,让混凝土企业像坐过山车一样心惊胆战。

为了给混凝土企业创造良好的生存环境,争取更多的政策支持,整合有利于混凝土行业发展的相关资源,确保发展高质量的绿色混凝土,我们对全国预拌混凝土行业的整体发展状况进行了调研和分析。

第二节　发展现状

一、地区发展不平衡

(1)预拌混凝土发展很不均衡,南方和东部沿海城市预拌混凝土兴起较早,发展较快,已经普及到了县级市甚至乡镇;北部和西部地区起步较晚,还主要集中在省会城市和地级城市。就全国而言,规模小、属地建设的站点占多数,大型的、集团化管理和跨地区分布的较少。

（2）产业信息网数据显示,2013 年 1 ~ 12 月全国商品混凝土累计总产量1 169 596 328 m³,同比增长 22.5%。12 月当月产量114 759 383 m³,同比增长 18.72%。2013 年各省市商品混凝土产量情况见表6-1。

表6-1　2013年各省市商品混凝土产量情况

地区	商品混凝土（m³）			
	12 月产量	1 ~ 12 月累计产量	12 月同比增长（%）	累计同比增长（%）
全国	114 759 383	1 169 596 328	18. 72	22. 5
北京	4 802 362	46 436 982	25. 88	12. 05
天津	1 256 742	15 733 634	- 7. 2	6. 97
河北	1 189 247	13 510 552	2. 45	13. 69
山西	561 359	7 763 190	75. 19	13. 25
内蒙古	380 205	11 484 520	- 27. 31	- 9. 6
辽宁	1 619 290	18 727 939	31. 45	5. 56
吉林	229 438	5 871 173	0. 09	46. 65
黑龙江	374 783	9 783 367	- 14. 79	23. 2
上海	3 713 327	30 814 555	18. 11	3. 21
江苏	10 887 157	114 191 377	5. 78	12. 11
浙江	13 901 638	127 427 764	13. 03	16. 6
安徽	6 854 742	77 602 687	19. 05	30. 25
福建	4 390 651	43 308 543	26. 65	27. 22
江西	3 766 382	29 907 506	21. 69	28. 04
山东	6 168 128	67 647 804	24. 33	13. 13
河南	7 316 272	64 613 160	39. 01	35. 16
湖北	4 419 310	41 048 206	19. 62	30. 24
湖南	4 250 632	36 407 719	28. 79	30. 31
广东	4 893 069	44 192 044	10. 93	26. 57
广西	6 873 252	61 456 571	6. 5	24. 06
海南	637 268	5 225 465	55. 87	43. 32
重庆	7 008 974	63 903 211	31. 04	23. 79

续表6-1

地区	商品混凝土（m³）			
	12月产量	1～12月累计产量	12月同比增长 （%）	累计同比增长 （%）
四川	6 852 763	77 058 493	9.37	18.62
贵州	2 409 274	23 871 140	104.55	107.73
云南	2 161 578	19 735 648	24.26	30.4
西藏	82 864	857 291	6.37	83.98
陕西	5 210 797	51 922 915	23.42	34.9
甘肃	848 214	11 362 163	19.39	48.95
青海	251 320	2 225 466	74.91	45.52
宁夏	514 719	6 308 731	15.46	25.37
新疆	933 626	39 196 512	2.16	39.99

二、与国际先进水平相比还存在很大差距

（1）预拌混凝土还没有被普遍应用。发达国家预拌混凝土的用量一般要占现浇混凝土总量的80%以上，而我国只有上海、北京、广州、南京、沈阳、大连、常州等少数城市达到60%左右，发展很不均衡，有的地区才刚刚起步，有的地区预拌混凝土为零，预拌混凝土占混凝土总量的比率全国平均只有30%左右，与发达国家相比还有较大差距。

（2）混凝土强度等级仍然偏低。发达国家的混凝土平均强度等级已达到40～50 MPa，大量应用了C60、C80混凝土，最高已达到200 MPa，而我国混凝土平均强度仍以C30为主，C80～C100的混凝土虽已研制成功，但目前还只在少量的重点工程或重要部位进行应用，距离实际工程的大量应用尚需一段时间。

（3）高性能混凝土的应用量少。我国对高性能混凝土的研究与应用是从20世纪90年代初期开始，起步较晚，应用范围虽逐步增加，但由于对混凝土的结构性能和长期性能研究不够，应用范围还不够广泛。

（4）相关技术没有同步发展。如外加剂、掺合料等关键材料的相

对落后,制约了混凝土技术的发展。

(5)生产工艺和管理技术相对落后。我国从事预拌混凝土生产的搅拌站,除少量引进国外成套产品外,多数为国内配套或自行组装,自动化程度低,基本上是靠人工控制和组织生产,与国外智能化管理相比还有较大的差距,劳动生产率只相当于发达国家的1/5~1/4。

(6)混凝土的泵送技术相对落后,全国发展也不均衡。上海金茂大厦一次泵送高度已达到382.5 m,广州电视塔一次泵送达到400多m,而北京的最大泵送高度只有200多m,其他城市也保持在较低水平,今后应重视混凝土泵送技术的研究。

三、混凝土行业产能过剩的迹象明显,但水泥企业进入的脚步却不断加快

进军混凝土行业,位于上游的水泥企业有着天然的优势,各种迹象表明,水泥企业进军混凝土行业的脚步正在加快。

中联重科混凝土机械公司大客户部总经理杨晓东指出,水泥企业面临着政策管控、产能过剩、竞争激烈、收购困难、人才紧缺等问题。杨晓东认为,水泥企业发展"商混 + 干混"机遇空前,也是水泥企业产业链延伸的最佳模式。

据统计,2011 年混凝土产量前五名中有 3 家企业是水泥企业,前十名中水泥企业的混凝土产量占前十名总产量的47.85%。

进入江苏省进行整合的中央企业正是中国建材集团下属的南方水泥有限公司。南方水泥有限公司常务执行副总裁张剑星表示,2011 年我国混凝土行业取得了快速的发展,大力发展商品混凝土、进行产业链延伸已成为水泥行业的共识。

在水泥行业通过联合重组取得成功后,南方水泥有限公司根据国际水泥企业发展惯例,发挥大水泥企业集团的资源和技术管理优势,进行产业链延伸,进军混凝土产业。南方水泥有限公司确立了集群发展、区域领先的混凝土发展战略,在南方水泥有限公司销售业务覆盖范围内优先发展混凝土产业,发挥水泥板块产能,实现产业链延伸。南方水泥有限公司计划到 2015 年,实现30%以上的水泥商混化,混凝土产能

超过 2 亿 m³。到 2012 年底,南方水泥产能将超过 1.5 亿 t,商混产能在 7 000 万 m³ 以上。

四、混凝土行业的专业技术人才和高级管理人才严重匮乏

随着各水泥企业进军混凝土的步步深入,越来越多的企业也发现,混凝土行业不只是块诱人的蛋糕,也潜藏着很多问题。

清华大学教授廉慧珍则从人才和生产关系上提醒水泥企业:当前混凝土工程的各环节被分割成不同行业,容易形成由不懂混凝土的人提供原材料,加工的拌和物又不得不交给不懂混凝土的人去完成最终产品的怪圈。因此,水泥企业和混凝土企业之间必须革新生产关系,打破行业间的樊篱,混凝土企业的人才必须通过具有较高针对性的培养,才能让混凝土产品质量快速提升。

第三节 存在问题

因为混凝土主要用作建筑结构材料,所以它将直接关系到人们的居住安全,甚至生命安全,关系到未来经济社会的发展,因此我们应该高度重视混凝土的进步与发展。

由于混凝土质量影响因素多,技术复杂,工艺、材料、管理及控制手段等方面存在的问题,都能导致混凝土生产质量始终存在不可预见的风险和隐患,这种风险和隐患超过一定限值就会造成质量事故。由于混凝土的不可修复性,一旦发生质量事故,就会给国家和人民的生命财产造成巨大的损失。这样的例子在全国时有发生,教训非常深刻。

混凝土质量"事前控制"缺乏有效的方法和手段,质量检查和验收滞后(一般 28 d),相当于是"死后验尸",往往发现问题时损失已经无法避免。

预拌混凝土是一个特殊的行业,由建筑施工与建筑材料生产企业演变而成,由于多年来形成的传统行业划分,预拌混凝土始终处于行业边缘,政府对行业的管理缺乏适宜的政策和必要的手段。

目前主要存在以下两方面问题。

一、行业管理方面

（1）国家、行业、地方的现行标准、规范不配套，有的甚至相互矛盾，可操作性差，不能很好地指导生产与施工。

（2）多头管理造成管理系统上下不对应，甚至出现职能空缺。

（3）预拌混凝土不能像其他产品那样先验收后使用，而是靠一批有技能的人事前控制，先使用后验收。

结构混凝土一旦浇筑完成，就成了最终产品，产品质量在很大程度上取决于前期控制，人的行为技能对质量起着决定性的作用。所以，国家应按特殊行业实行生产许可证管理。然而，目前国家缺乏适宜的行业政策和必要的管理手段，导致了一些城市和地区预拌混凝土市场混乱、质量风险加大，甚至出现了重大质量事故，对整个行业提出了警示。要改变目前的现状，仅仅依靠资质管理是远远不够的。

（4）"强化验收、淡化过程"的管理模式对混凝土行业不适宜，它忽视了混凝土的不可修复性，过程控制决定最终质量，过程控制在混凝土生产中永远是一个不可忽视的重要环节。

（5）"群龙无首"和"条块分割"迫使"地方自治"和"行业自治"，造成行业区域性管理水平差异较大。有的地方混凝土生产基本上是处于"无政府"状态。

二、新技术研发和转化方面

（1）新技术的研发和储备不够，对混凝土的长期性和耐久性研究不够；各类特种混凝土、侵蚀环境下的混凝土的制备与施工技术不够完善。

（2）基础理论研究不够，投入也少，致使一些实用技术缺乏必要的理论支持。

（3）专业技术人才匮乏，有的地方和企业技术岗位只能采取低能高就的办法仓促上马，或者干脆自己"土灶培养"，技术负责人的能力和专业水平不足，造成了处理不完的质量纠纷和质量问题。

（4）全国各地技术水平不均衡，大中城市的差异、东西南北的差异比较明显，有个别企业技术还停留在 20 世纪五六十年代的水平上。

（5）各行业技术差异比较大，标准不统一，各行其事，影响了整体进步，如城建、铁路、公路交通、水利、电力、军工、石油化工、核电等。

（6）科技成果的转化速度慢，缺乏有效的机制和政策支持。

（7）自主知识产权的创新少，效仿和模仿的多，甚至盗用、乱用。

（8）新技术、新材料、新工艺的推广力度不够。行业内部相互交流和学习形式及机制没有真正建立起来。

（9）先进的制备技术和严格的组织管理缺乏有机的统一，影响了一些尖端技术的推广和应用。

（10）有的地方还存在不规范操作和缺乏职业道德的行为。

第四节　未来展望

一、经济的温和复苏将会为混凝土行业发展带来利好

经济学家认为，鉴于美国经济复苏的基础已更为坚实，我国出口增长有望企稳；国内方面，预计近期信贷增速加快会推动社会融资规模大幅扩张，进而推动国内投资复苏。此外，随着总需求企稳回升，企业的去库存压力会逐渐消退。预计全国经济将与往年同期环比温和复苏，混凝土行业也将因此而得到发展。

二、水泥企业将成为混凝土行业的主力军

我国水泥产能经过连续多年快速扩张，已出现全面过剩，延伸水泥产业链，特别是向混凝土产业延伸已成为广大水泥企业战略转型、寻求发展之路的重要方式。水泥企业发展混凝土产业，不仅是水泥企业进行产业链延伸、应对市场竞争的需要，更是顺应水泥产业发展规律的必然抉择。国内的水泥企业，如中联水泥、冀东水泥、金隅水泥等企业均采用大手笔收购方式进入混凝土行业，在江苏、北京、河北、天津、山东、河南、沈阳等地区已形成规模竞争力，随着对混凝土企业的兼并重组的

不断深入,其市场主导性地位将日趋稳定。

三、地区整合(兼并和收购)将成为主题

在发达地区,随着商品混凝土需求量的降低,普遍将出现产能过剩的现象,那么合理降低产能,进行地区整合将是发达地区混凝土行业的下个工作重点。例如,江苏省各地涌现出的一批混凝土强势企业和企业集团,通过资产重组,采取一企多站式收购、兼并等形式实现规模化经营,已成为全行业发展的主力军。另外,中央直属的大型水泥集团在江苏收购优良资产混凝土企业正方兴未艾,他们通过资产重组,以及雄厚的资金优势进行扩张,将和地方大型企业集团形成新的产业集群。在产业结构调整和行业转型升级的大背景下,这些产业集群引领行业发展的格局已不可逆转。

不仅是江苏,据了解,北京市召开了"搅拌站治理整合和绿色生产达标"全市工作会议,根据北京市预拌混凝土搅拌站治理整合专项工作规划工作目标,到 2012 年底,北京市的搅拌站点控制在 135 个左右,比 2008 年减少搅拌站点 67 个。此外,广州市城乡建设委员会对全市有关预拌混凝土生产的企业进行了拉网式专项检查,发现市场总体供大于求,"扎堆"现象比较明显。广州市城乡建设委员会将对存在问题企业分类分批进行清理整顿,并研究制定切实可行的管理办法和处理措施,进一步规范管理预拌混凝土市场,有效地解决问题,促进混凝土企业和行业健康发展。

四、绿色、环保、资源循环利用将是混凝土行业发展的方向

未来的混凝土企业将是清洁生产达标的企业,将改变过去的废水乱流、粉尘漫天的"脏、乱、差"形象。一些发达地区的地方建设委员会已经采取了有效的引导管理措施,制定了严格的地方管理规程,并取得了较大的成效;同时,越来越多的混凝土企业已经意识到绿色生产是企业发展的方向,自发地加入到建设绿色生产搅拌站的行列中,如南京兰叶混凝土、浙江华威混凝土、武汉中建商混、北京亚东混凝土等预拌混

凝土企业起到了较好的表率作用。

随着土地资源的日益紧俏,预拌混凝土拌和站点的建设也将向紧凑、经济、环保的角度发展,逐渐成为模式化的绿色标准站。

五、工程混凝土的发展是商品混凝土新的增长点

供应铁路、核电、水利、水电、公路等工程的预拌混凝土被称为工程混凝土。这类混凝土一般由施工单位自行采购设备自给自供,但是随着专业划分的细化和对工程质量的要求提高,混凝土也慢慢作为专业分包单独招标,有能力的混凝土企业也进入到了工程混凝土的竞争市场。

六、国家发展和改革委员会基建项目审批提速,带动混凝土等需求

鉴于经济下滑速度远超预期,目前中央反复强调将稳定经济增长放在首位,表示会加大基础建设投资力度。国家发展和改革委员会基础产业司还将提前下发与项目相关的中央预算内投资资金。

国家加速审批投资项目,将极大刺激工程机械的下游需求,从而带动工程机械产品的销售行情。尤其是在当前旺季不旺的经济形势下,工程机械行业洗牌加剧,就国内企业而言,当前中国工程机械市场竞争形势激烈,为了抢占更多的市场份额,各企业间的竞争也日趋白热化。而此次项目审批主要集中在交通、水利、节能环保、基础设施等方面,这将直接带动水泥、砂石、混凝土、钢筋等建材的需求,尤其是与之密切相关的设备生产企业也将受益。

七、政府部门和行业协会非常重视预拌混凝土行业的可持续发展

(1)提高混凝土行业准入门槛。目前的预拌商品混凝土专业企业资质是 2001 年修订的。10 多年来,行业的情况发生了很大变化。工信部将在充分调研的基础上,联合有关部门,一起修订关于预拌商品混凝土专业企业资质新的标准,来规范、提升行业的准入门槛。在市场主

导、企业自愿的情况下,推动商品混凝土行业的兼并重组,为企业创造更好的发展环境。

(2)加大引导企业的技术研发。许多人认为混凝土就是相对简单的一种混合,但是混凝土应有其自身附加值的提升。近年来,功能化混凝土大量出现,以及在预制件方面取得的许多新突破,成绩喜人。当前的建筑形式和结构发生了非常大的变化,建筑的工业化、规模化要求建材的部品化,对水泥制品提出了一些新的要求,同时也要加大一些相关新产品标准的制定。水泥制品的行业标准也被列为了工业和信息化部今年的重点标准。技术改造是工信部的一个重要抓手,也是实现"优化存量"的最佳途径。工信部将积极推动现有企业的技术改造和提升。

(3)倡导企业节能环保,发展绿色混凝土,参与资源合理利用。

中国混凝土与水泥制品协会预拌混凝土分会2012年底前将向全国混凝土企业发出倡议,在2013年主要开展宣传和推广"发展绿色混凝土、参与资源合理利用"活动,倡导建设绿色预拌混凝土示范工厂,2013年年底将评选出"绿色生产达标企业"和"全国十大优秀企业"。

为了鼓励和推动混凝土生产企业开展自主技术创新,预拌混凝土分会准备接收企业科研立项、项目鉴定申请,并在行业内对新技术、新成果进行宣传和推广。

除上述展望之外,根据中国混凝土与水泥制品协会预拌混凝土分会的工作计划,2013年将加大混凝土行业的专业技术及管理人才的培训力度,帮助混凝土企业快速培养专业技术和管理人才队伍,有效提升企业管理水平和行业竞争力。

(1)通过成立中国混凝土大学,运用规范的教育教学手段,为全国商品混凝土企业培养各级各类专业技术和管理人才,并提供在职人员的岗位培训。

(2)与国内知名高校合作办学,提升企业负责人和高级管理人员的学历水平,努力打造高知识、高水平、高能力的企业 CEO 团队,以保证商品混凝土行业的整体竞争力和可持续发展水平。

（3）积极引导会员企业根据创建学习型企业的要求，采用自主学习和集中培训相结合的方式，支持和鼓励全体从业人员，自觉提高文化水平和管理能力。

附录一　混凝土配合比设计实例

原材料:P. O42.5 水泥;

　　　　混合中砂(80% 机制砂 +20% 天然细砂),细度模数 2.8;

　　　　5 ~ 25 mm 碎石,连续粒级;

　　　　F 类 Ⅱ 级粉煤灰;

　　　　S95 级矿粉;

　　　　缓凝型高效减水剂(掺量 2.0% 时,减水率 23%);

　　　　自来水。

钢筋混凝土,设计强度等级 C40,坍落度(200 ±20)mm。

设计该混凝土配合比。

设计步骤:

1. 确定配制强度

$$f_{cu,o} \geqslant f_{cu,k} + 1.645\sigma = 40 + 1.645 \times 5.0 = 48.2(MPa)$$

(取 $\sigma = 5.0$ MPa)

2. 计算水胶比

(1)计算水泥 28 d 胶砂抗压强度值:

$$f_{ce} = \gamma_c f_{ce,g} = 1.16 \times 42.5 = 49.3(MPa)$$

(2)计算胶凝材料 28 d 胶砂抗压强度值:

$$f_b = \gamma_f \gamma_s f_{ce} = 0.85 \times 1.00 \times 49.3 = 41.9(MPa)$$

(粉煤灰、矿粉掺量分别按 20% 考虑)

(3)计算水胶比:

$$W/B = \alpha_a f_b / (f_{cu,o} + \alpha_a \alpha_b f_b) = 0.53 \times 41.9/$$
$$(48.2 + 0.53 \times 0.20 \times 41.9) = 0.42$$

结合《混凝土结构设计规范》(GB 50010—2010)的规定,取 $W/B =$ 0.40。

3. 计算用水量

(1)选择基准混凝土用水量:

$$m'_{wo} = 210 + (180 - 90) \times 5/20 = 232.5(kg/m^3)$$

(2)计算掺入 2.0% 缓凝型高效减水剂后的用水量：

$$m_{wo} = m'_{wo}(1 - \beta) = 232.5 \times (1 - 23\%) = 179(kg/m^3)$$

4. 计算胶凝材料、矿物掺合料和水泥用量

(1)计算胶凝材料用量：

$$m_{bo} = m_{wo}/(W/B) = 179/0.40 = 448(kg/m^3)$$

(2)计算矿物掺合料用量：

粉煤灰用量 $\quad m_{fo} = m_{bo}\beta_f = 448 \times 20\% = 90(kg/m^3)$

矿粉用量 $\quad m_{ko} = m_{bo}\beta_k = 448 \times 20\% = 90(kg/m^3)$

(3)计算水泥用量：

$$m_{c\bullet} = m_{bo} - (m_{fo} + m_{ko}) = 448 - (90 + 90) = 268(kg/m^3)$$

5. 选取砂率

$$\beta_s = 33\% + (200 - 60)/20 \times 1\% = 40\%$$

6. 计算粗、细骨料用量(质量法)

$$m_{fo} + m_{ko} + m_{co} + m_{go} + m_{so} + m_{wo} = m_{cp}$$

$$\beta_s = m_{so}/(m_{go} + m_{so}) \times 100\%$$

$$(取 m_{cp} = 2\ 400\ kg/m^3)$$

经计算得：$m_{so} = 709\ kg/m^3$，$m_{go} = 1\ 064\ kg/m^3$。

7. 计算外加剂用量

$$m_{ao} = m_{bo}\beta_a = 448 \times 2.0\% = 9.0(kg/m^3)$$

8. 配合比的试配

(1)测定混凝土拌和物的性能。

配制 20 L 拌和物，采用 60 L 强制式搅拌机进行搅拌。

称取各种原材料量如下：

水泥　　5.4 kg

粉煤灰　1.8 kg

矿粉　　1.8 kg

砂　　　14.2 kg

石　　　21.3 kg

水　　　3.6 kg

外加剂　0.18 kg

测得:拌和物坍落度 220 mm,保水性、黏聚性良好,满足设计和施工要求。

(2)测定混凝土强度。

采用三个不同的配合比,如附表 1 所示。

附表 1　三个不同的配合比

序号	配合比(kg/m³)							W/B	B/W	β_s(%)	拌和物性能	标养 R28(MPa)
	水泥	粉煤灰	矿粉	砂	石	水	外加剂					
1	307	102	102	667	1 710	179	10.2	0.35	2.86	39	符合要求	55.8
2	268	90	90	709	1 064	179	9.0	0.40	2.50	40	符合要求	50.2
3	238	80	80	747	1 076	179	8.0	0.45	2.22	41	符合要求	46.0

9. 配合比的调整与确定

(1)绘制强度和胶水比的线性关系图。

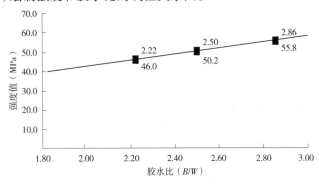

附图 1　胶水比和强度线性关系图

(2)插值法。

$$f_{cu,o} \geqslant 48.2 \text{ MPa}$$

$$W/B = 0.40 + [(0.45 - 0.40)/(50.2 - 46.0)] \times$$
$$(50.2 - 48.2) = 0.42(\text{取} 0.40)$$

序号 2 对应的配合比为所选用的配合比。

（3）计算校正系数。

实测拌和物的表观密度 $\rho_{c,t}$ = 2 460 kg/m³

计算表观密度 $\rho_{c,c}$ = 2 400 kg/m³

校正系数　$\delta = \rho_{c,t}/\rho_{c,c}$ = 2 460/2 400 = 1.025

各种材料用量应调整为（否则会缺方）：

水泥　　275 kg/m³

粉煤灰　92 kg/m³

矿粉　　92 kg/m³

砂　　　727 kg/m³

石　　　1 091 kg/m³

水　　　183 kg/m³

外加剂　9.2 kg/m³

除上述步骤外，测定拌和物水溶性氯离子含量，应符合规定。

对耐久性有设计要求的混凝土应进行相关耐久性试验验证。

注：$f_{cu,o}$——混凝土配制强度，MPa；

$f_{cu,k}$——混凝土立方体抗压强度标准值，MPa；

σ——混凝土强度标准差，MPa；

f_{ce}——水泥 28 d 胶砂抗压强度值，MPa；

$f_{ce,g}$——水泥强度等级值，MPa；

γ_c——水泥强度等级值的富裕系数；

f_b——胶凝材料 28 d 胶砂抗压强度值，MPa；

γ_s、γ_f——粉煤灰影响系数、粒化高炉矿渣粉影响系数；

α_a、α_b——回归系数；

m'_{wo}——基准混凝土用水量，kg/m³；

m_{wo}——掺入外加剂后的混凝土用水量，kg/m³；

β——外加剂的减水率，%；

m_{bo}——胶凝材料用量，kg/m³；

W/B——水胶比；

m_{fo}——粉煤灰用量，kg/m³；

m_{ko}——矿粉用量，kg/m³；

β_f、β_k——粉煤灰、矿粉掺量(%);

m_{co}——水泥用量,kg/m^3;

β_s——含砂率;

m_{so}——细骨料用量,kg/m^3;

m_{go}——粗骨料用量,kg/m^3;

m_{cp}——每立方米混凝土拌和物的假定质量,kg/m^3;

m_{ao}——外加剂用量,kg/m^3;

$\rho_{c,t}$——混凝土拌和物表观密度实测值,kg/m^3;

$\rho_{c,c}$——混凝土拌和物表观密度计算值,kg/m^3;

δ——校正系数。

附录二 混凝土强度评定实例

某预拌混凝土站生产的 C30 混凝土,一个检验批中的混凝土标养试件 28 d 抗压强度如附表 2 所示。

附表 2 混凝土标养试件 28 d 抗压强度

序号	抗压强度(MPa)	序号	抗压强度(MPa)
1	38.2	19	37.2
2	35.6	20	37.0
3	34.8	21	39.5
4	37.6	22	39.4
5	39.0	23	36.1
6	40.3	24	38.0
7	37.0	25	34.6
8	35.5	26	36.5
9	32.8	27	36.3
10	40.0	28	37.8
11	35.6	29	39.0
12	36.1	30	37.1
13	37.7	31	36.6
14	34.9	32	35.7
15	35.2	33	33.8
16	36.6	34	39.7
17	41.3	35	36.8
18	38.8	36	37.5

采用《混凝土强度检验评定标准》(GB 50107—2010)对该批混凝土强度进行合格性评定。

(1)验证 $m_{fcu} \geqslant f_{cu,k} + \lambda_1 S_f$。

$$m_{fcu} = (38.2 + 35.6 + 34.8 + \cdots + 39.7 + 36.8 + 37.5)/36$$
$$= 37.1(MPa)$$

查表　$\lambda_1 = 0.95$

计算标准差　$S_f = 1.92$ MPa < 2.5 MPa,取 $S_f = 2.5$ MPa

$f_{cu,k} + \lambda_1 S_f = 30 + 0.95 \times 2.5 = 32.4$ (MPa)

$m_{fcu} \geqslant f_{cu,k} + \lambda_1 S_f$,满足。

(2)验证 $f_{cu,min} \geqslant \lambda_2 f_{cu,k}$。

$f_{cu,min} = 32.8$ MPa

查表　$\lambda_2 = 0.85$

$\lambda_2 f_{cu,k} = 0.85 \times 30 = 25.5$ (MPa)

$f_{cu,min} \geqslant \lambda_2 f_{cu,k}$,满足。

结论:该批混凝土强度合格。

(3)《混凝土质量控制标准》(GB 50164—2011)要求:当混凝土强度为 C20～C40 时,对于预拌混凝土站,混凝土强度标准差 S_f 应小于等于 3.5 MPa。经计算,该批混凝土强度标准差 S_f 为 1.92 MPa,满足标准要求。

(4)《混凝土质量控制标准》(GB 50164—2011)要求:混凝土实测强度达到强度标准值组数的百分率 P 不应小于 95%。该批混凝土实测强度达到强度标准值组数的百分率 $P = 100\% \geqslant 95\%$,满足标准要求。

注: m_{fcu}——同一检验批混凝土立方体抗压强度平均值,N/mm^2,精确到 $0.1\ N/mm^2$;

　　 $f_{cu,k}$——混凝土立方体抗压强度标准值,N/mm^2,精确到 $0.1\ N/mm^2$;

　　 λ_1、λ_2——合格判定系数;

　　 $f_{cu,min}$——同一检验批混凝土立方体抗压强度最小值,N/mm^2,精确到 $0.1\ N/mm^2$;

S_f——检验批混凝土立方体抗压强度标准差，N/mm^2，精确到 $0.01\ N/mm^2$；当 S_f 计算值小于 $2.5\ N/mm^2$ 时，应取 $2.5\ N/mm^2$。

参 考 文 献

[1] 陈向峰.中国预拌混凝土生产企业管理实用手册[M].香港:中国新闻联合出版社,2004.

[2] 杨绍林.预拌混凝土生产企业管理实用手册[M].北京:中国建筑工业出版社,2012.

[3] 中华人民共和国国家质量监督检验检疫总局,中国国家标准化管理委员会.GB/T 14902— 2012 预拌混凝土[S].北京:中国标准出版社,2013.

[4] 中华人民共和国国家质量监督检验检疫总局,中华人民共和国住房和城乡建设部.GB 50164—2011 混凝土质量控制标准[S].北京:中国建筑工业出版社,2011.

[5] 中华人民共和国国家质量监督检验检疫总局,中华人民共和国住房和城乡建设部.GB/T 50107—2010 混凝土强度检验评定标准[S].北京:中国建筑工业出版社,2012.

[6] 中华人民共和国国家质量监督检验检疫总局,中华人民共和国住房和城乡建设部.GB 50204—2002(2011 年版)混凝土结构工程施工质量验收规范[S].北京:中国建筑工业出版社,2011.